职业技能培训鉴定教材

织袜工

（初级）

人力资源和社会保障部教材办公室 组织编写

编审委员会

主　任　田中君　　丁万君　　曲军辉

副主任　李秀芬　　冯春家　　宋欣宇　　高运通　　邢莉莉

委　员　李　季　　鲁瑞康

　　　　王亚丽（长春工业大学教授）　刘　克（长春工业大学教授）

　　　　韩连顺（长春工业大学教授）　高冬梅（长春工业大学教授）

　　　　唐淑娟（长春工业大学教授）

　　　　刘让同（中原工学院服装学院教授）

　　　　何建新（中原工学院服装学院副教授）

　　　　贾朝业 （中原工学院服装学院教授）

编审人员

主　编　胡晓雪　　李秀芬　　张英成

副主编　于金财　　李　季　　李　军　　于建伟

　　　　王　博　　那国宏　　李希群　　李金武

编　者　李　桃　　万雅波　　韩连顺　　鲁瑞康　　高冬梅

　　　　胡　伟　　冷　馨　　林治纯　　陶　然　　王　卉

　　　　臧亚东　　袁丽云　　孙槐钦　　彭伟迪　　谢金田

　　　　孙越宇

主　审　贾璐铭

审　稿　孙槐钦

中国劳动社会保障出版社

图书在版编目（CIP）数据

织袜工：初级/人力资源和社会保障部教材办公室组织编写. —北京：中国劳动社
会保障出版社，2016

职业技能培训鉴定教材

ISBN 978 - 7 - 5167 - 2339 - 5

Ⅰ.①织… Ⅱ.①人… Ⅲ.①织袜-职业技能-鉴定-教材 Ⅳ.①TS184.5

中国版本图书馆 CIP 数据核字（2016）第 034393 号

中国劳动社会保障出版社出版发行

（北京市惠新东街 1 号 邮政编码：100029）

*

北京市艺辉印刷有限公司印刷装订 新华书店经销

787 毫米×1092 毫米 16 开本 8.75 印张 193 千字

2016 年 3 月第 1 版 2016 年 3 月第 1 次印刷

定价：**21.00** 元

读者服务部电话：（010）64929211/64921644/84626437

营销部电话：（010）64961894

出版社网址：http://www.class.com.cn

内 容 简 介

　　本教材由人力资源和社会保障部教材办公室组织编写。教材紧紧围绕"以企业需求为导向，以职业能力为核心"的编写理念，力求突出职业技能培训特色，满足职业技能培训与鉴定考核的需要。

　　本教材详细介绍了初级织袜工应掌握的相关知识和技能要求。全书分为 8 部分，主要内容包括棉袜产品与工艺、织袜设备、织造、袜品的质量、缝头、袜子后整理、袜子点塑和定型工艺、袜子检配与包装。

　　本教材是初级织袜工职业技能培训与鉴定考核用书，也可供相关人员参加上岗培训、在职培训、岗位培训使用。

前　言

　　1994 年以来，原劳动和社会保障部职业技能鉴定中心、教材办公室和中国劳动社会保障出版社组织有关方面专家，依据《中华人民共和国职业技能鉴定规范》，编写出版了职业技能鉴定教材及其配套的职业技能鉴定指导 200 余种，作为考前培训的权威性教材，受到全国各级培训、鉴定机构的欢迎，有力地推动了职业技能鉴定工作的开展。

　　原劳动和社会保障部从 2000 年开始陆续制定并颁布了国家职业标准。同时，社会经济、技术不断发展，企业对劳动力素质提出了更高的要求。为了适应新形势，为各级培训、鉴定部门和广大受培训者提供优质服务，人力资源和社会保障部教材办公室组织有关专家、技术人员和职业培训教学管理人员、教师，依据国家职业标准和企业对各类技能人才的需求，研发了职业技能培训鉴定教材。

　　新编写的教材具有以下主要特点：

　　在编写原则上，突出以职业能力为核心。教材编写贯穿"以职业标准为依据，以企业需求为导向，以职业能力为核心"的理念，依据国家职业标准，结合企业实际，反映岗位需求，突出新知识、新技术、新工艺、新方法，注重职业能力培养。凡是职业岗位工作中要求掌握的知识和技能，均作详细介绍。

　　在使用功能上，注重服务于培训和鉴定。根据职业发展的实际情况和培训需求，教材力求体现职业培训的规律，反映职业技能鉴定考核的基本要求，满足培训对象参加各级各类鉴定考试的需要。

　　在编写模式上，采用分级模块化编写。纵向上，教材按照国家职业资格等级单独成册，各等级合理衔接、步步提升，为技能人才培养搭建科学的阶梯型培训架构。横向上，教材按照职业功能分模块展开，安排足量、适用的内容，贴近生产实际，贴近培训对象需要，贴近市场需求。

　　在内容安排上，增强教材的可读性。为便于培训、鉴定部门在有限的时间内把最重要的知识和技能传授给培训对象，同时也便于培训对象迅速抓住重点，提高学习效率，在教材中精心设置了"培训目标"等栏目，以提示应该达到的目标，需要掌握的重点、难点、鉴定点和有关的扩展知识。

　　本书在编写过程中得到东北袜业纺织技术学院、吉林省东北袜业园织袜有限公司、长春工业大学、中原工学院、天津工业大学等单位的大力支持与协助，再次一并表示衷心的感谢。

　　编写教材有相当的难度，是一项探索性工作。由于时间仓促，不足之处在所难免，恳切希望各使用单位和个人对教材提出宝贵意见，以便修订时加以完善。

人力资源和社会保障部教材办公室

目 录

棉袜产品与工艺

袜品是比较特殊的衣着服饰，可以通过纬编、经编、缝制、注塑等手段制成，但常见的还是以纬编法为主。纬编的袜子，具有某些特性：筒状、成形、计件、特别的花型要求、几种组织复合、正反编织方向并存、编织宽度可渐变、织物厚薄要求差异大等。袜子质量还必须符合有关的国家标准要求。

本章讲解棉袜的种类及其成形过程；袜子分为袜口、袜筒、高跟、袜跟、袜面、袜底、袜头跟及握持横列等几个部分，各部分采用的原材料及织物组织等工艺；重点介绍袜子的工艺流程。

第1节 棉袜的产品

→ 1. 了解袜子的成形过程
→ 2. 熟悉袜子的生产工艺流程
→ 3. 掌握袜子的分类

一、袜子的种类

袜子的种类很多，可以根据原料类别、织物组织、袜筒长短、袜口形式以及穿着用途来分类。袜子的分类见表1—1。

表1—1 　　　　　　　　　　　袜子的分类

分类依据	袜子的分类		
原料类别	棉纱线袜、羊毛袜、 棉/氨纶丝交织袜、 棉/化纤混纺/氨纶交织袜		
织物组织	素袜	单针筒素袜	单色平针组织
		双针筒素袜	单色罗纹组织
	花袜	单针筒花袜	提花袜、网孔添纱袜、毛圈袜和两种组织复合袜等
		双针筒花袜	罗纹组织上的提花袜、凹凸袜和 两种组织复合袜（如提花凹凸袜）
袜筒长短	短筒袜、中筒袜、长筒袜、连裤袜和船袜		
袜口形式	罗纹袜口（单层罗口、双层罗口）、单面集圈袜口、双层平针袜口和花色罗纹袜口等		
穿着用途	常用袜（男袜、女袜、少年袜、童袜、宝宝袜）、运动袜、五趾袜、医疗用袜和舞袜等		

二、袜子的成形过程

袜子是成形产品，一只袜子的成形过程有以下三种方式。

1. 三步成形

袜口是在罗纹机上完成的，可以衬入氨纶丝形成氨纶罗纹袜口；然后将袜口经套刺盘转移到袜机针筒上，再编织袜筒、高跟、袜跟、袜脚、袜头、握持横列等部位而形成一只袜坯；袜坯下机后需要经缝头机缝合，才能形成一只完整的袜子。也可在五趾袜（手套）机上形成具有五只指头的袜头，然后将五趾袜头套到单针筒圆袜机的针筒针上，再编织袜脚、袜跟、袜筒和袜口而形成五趾袜坯；下机后再在拷口机上对袜口拷口。采用这种方式时，织成一只袜子需要三种机器才能完成，目前面临淘汰。

2. 二步成形

袜机上编织双层平口袜，可自动起口和折口，形成平针双层袜口，然后顺序编织袜坯各部位。也可在单针筒袜机上编织平针衬垫氨纶丝假罗口，织完袜口后再编织其他各部段。这几种袜子下机后都要经过缝头机缝合才能成为袜子，织成一只袜子需要两种机器就可完成。

双针袜筒机可在袜机上编织罗纹袜口及袜坯各部段，但下机后仍要进行缝头，也属于二步成形。

在全自动电脑五趾袜机上可自动编织袜子五趾、袜脚、袜跟、袜筒、袜口等部位，形成一只五趾袜坯；再在专用拷机上拷口，即二步成形五趾袜。

3. 一步成形

缝头这个过程劳动强度较大，生产效率低，使用单程式全自动袜机，可使织袜、缝头两道工序在一台袜机上连续完成。

意大利罗纳地公司推出了一种自动对目缝头袜机，如图1—1、图1—2所示。

图1—1　意大利罗纳地自动对目缝头袜机（一）

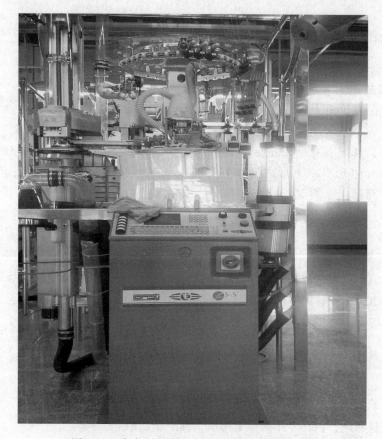

图1—2　意大利罗纳地自动对目缝头袜机（二）

三、袜子的生产工艺流程

从原料进厂到袜子成品出厂需经多道工序。袜厂生产工艺必须根据原料种类、袜子款式、成品要求、所用设备等条件制定。合理的工艺能使生产周期缩短，达到优质、高产、低成本的目的。

产品投产前，必须经过试样、复样、审定、试产几个步骤，即根据客户的要求，设计袜子花型、确定机型、选择原料、搭配颜色，进行小样试制，然后做中试生产，对产品进行物理性能试验，制定完整的上机工艺及技术条件。目前袜子生产的工艺流程，可以分为先织后染和先染后织两大类。一般素色袜采用先织后染，花色袜采用先染后织。

1. 先织后染类

棉线素袜、锦纶尼龙袜等通常采用先织后染生产工艺，其工艺流程为：铰装原料→络纱→织袜→检验→缝头→检验→染色→定型→检配→包装→检验入库。

2. 先染后织类

棉线花袜、毛巾运动袜、各种混纺纱五趾袜等采用先染后织生产工艺，其工艺流程为：铰装原料→检验→煮练→染色→络纱→织袜→检验→缝头→检验→定型→检配→包装→检验入库。

第 2 节 棉袜工艺设计与计算

→ 1. 了解袜子原料的选择
→ 2. 熟悉袜子各部位的常用组织
→ 3. 掌握袜子各部位的常用原料

一、袜子原料的选择

袜子原料的选择包括原料种类、规格及其品质等的选择。原料选择的依据是袜子的穿着使用要求、企业的现有生产技术条件和原料供应的可能性。正确选用原料不仅能保证产品质量，而且还有助于生产过程的顺利进行，降低产品成本，提高企业经济效益。

袜子在穿着时要经受较大的摩擦力和拉伸力，它必须具有耐磨、富有弹性和延伸性、穿着舒适及美观等特点。

氨纶丝在袜品中应用很多，它是高弹性纤维，回弹率高，延伸度大，纤维细，耐老化，且其耐热性、耐磨性等都比橡筋线好。

保暖袜宜采用羊毛纱和混纺纱编织。羊毛纱的常用线密度为 12.5 tex、14 tex、16 tex 等；混纺纱种类很多，如用棉/锦（70/30）、腈/锦/粘（50/30/20）作混纺纱等。

运动袜常用棉纱线编织，这是因为要求袜品具有柔软、吸汗、透气等特点。常用棉纱线的线支数为 32 s/1 ×2 等。

二、袜子各部位常用的组织和原料

袜子各部位常用的组织和原料可参见表 1—2。

表 1—2   袜子各部位常用的组织和原料

部位名称	常用组织	常用原料
袜口	1 ×1 罗纹组织、3 ×1 罗纹组织	棉纱线、羊毛纱、各种混纺纱、锦纶丝、锦纶弹性丝、橡筋线、氨纶丝、腈纶丝等
	网纹组织	
袜筒	平针组织、罗纹组织、提花组织	棉纱线、羊毛纱、各种混纺纱、锦纶丝、氨纶丝、腈纶丝等
	架空添纱组织、毛圈平针组织	
	正反面凹凸组织、集圈组织	
	各种复合组织	
高跟	平针组织、纵条纹组织、平添纱组织，有时与袜筒所用组织相同	一般与袜筒相同，通常比袜筒增加一根加固纱、棉纱线等袜用锦纶丝加固
袜跟	平针组织、平添纱组织	一般与袜筒相同，通常比袜筒增加一根加固纱、棉纱线等袜用锦纶丝加固

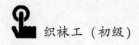

续表

部位名称	常用组织	常用原料
袜面	一般与袜筒所用组织相同	一般与袜筒相同
袜底	平针组织、纵条纹组织、平添纱组织	一般与袜筒相同
	1＋1罗纹组织、半毛圈组织	
袜头跟	平针组织、平添纱组织	一般与袜跟相同
握持横列	纬平针组织	一般用质量较差的棉纱线

第3节 织袜生产工艺流程

→ 1. 了解络筒工艺及织袜工艺

→ 2. 熟悉缝头的正确操作方法

→ 3. 掌握织袜的全部生产工艺流程

一、织造

1. 络筒工艺

织袜生产中，常需要将绞纱经络丝工序卷绕成织造生产所需要的筒子。一般络丝分两次进行，先将绞纱络成筒子，然后将络好的筒子再络一次，以保证卷装质量，消除绞纱从纱框上退绕时张力不均匀的影响。

络纱（丝）工艺参数包括络纱张力、络纱速度、清纱板隔距、结头形式及上油（上蜡）率等。对于弹性锦纶丝，络丝过程中需要上油，上油率不超过1.5%；对于棉纱、毛纱、腈纶纱等短纤纱，络纱时要上蜡，上蜡率为0.8%左右。

2. 织袜工艺

袜机的上机工艺参数包括进线张力、原料线密度、色别、袜子落机规格等内容。为了保证产品质量，袜子在上机前应由技术部门根据袜子试样工艺，确定具体上机工艺参数并制定上机工艺卡。

进线张力的大小直接影响袜子成品规格。为了提高产品质量，要求进线张力大小适宜，张力波动尽量小，同台袜机各路进线张力要一致，同一品种不同机台的进线张力也尽可能一致，否则可能会造成线圈横列不均匀或成品规格不一致。

原料线密度与色别在上机前必须进行核对，以免出差错。为了减少色差，必须按批号生产。

袜子落机规格将直接影响袜子成品规格。目前，工厂中控制的落机规格主要是落机直拉、落机横拉和落机重量。落机规格一般是通过调节袜机弯纱深度、链条规格、进线张力等来加以控制的。

机械式链条袜机链条规格和排列决定了整只袜子的编织程序，链条由高节链和平节链组成。高节链的排列决定了编织一只袜子各部段工序的变换动作，它取决于该台袜机推盘撑牙数。不同型号袜机的推盘撑牙数不同，因此，一旦袜机型号选定，高节链的规格也就定了。即使根据袜子品种在有些部位袜机不需要变换动作（如无断夹底），也必须排上相应的高节链，让推盘空撑，否则会跑错链条，搞乱编织程序。平节链的节数取决于袜子各部段的横列数。工艺上的所谓调节链条，就是加减平节链的节数，使袜子各部段的长度符合要求。目前机械式链条袜机已淘汰。

二、缝头

袜头质量是保证缝头质量的关键（先决条件）。

员工的操作姿势、手势、用眼姿势必须正确。缝头线需经过组长和质检人员确认后方可使用，缝头线标准长度为 1～1.5 cm，不许过长和过短。

袜头工艺包括袜头用料、握持横列（机头线）用料、袜头横拉和缝头套眼（套口横列），这些都影响缝头质量。

（1）缝头工在袜坯缝头处做轻微的横拉，以便对缝眼。如果袜底与袜面线圈松紧不均、缝头套眼大小不均、袜头过松或偏紧，既不利于袜头横拉，影响缝头操作，又容易产生漏针、跳针。

（2）握持横列（机头线）用料过粗，袜头横列受影响，缝头线圈不易对准长齿；过细则袜头卷绕，捏不住握持横列，影响操作；抽紧握持横列则影响缝头套高低。

根据长期生产经验总结，为了确保缝头质量，明确规定缝头套眼和握持横列质量标准为缝头套眼圆正无大小，且与袜头子眼均匀一致；袜头辫子角清晰无歪角；调整握持横列，使之位于袜底一面中间，且不允许抽紧；握持横列应松紧适宜，适合捏手缝合和拆线。

在一般圆袜机上编织的袜坯，袜头呈开口状，必须经过缝头工序进行缝合。目前袜头缝合有多种方法，但我国仍普遍采用双线弹性缝，即由手工将需要缝合的袜头线圈一个个顺次地套到缝头机的刺针上进行缝合。袜头缝合的质量直接影响袜子的外观和内在质量。目前缝头效果最好的方法为手工对目缝头（见图1—3）。

图1—3　手工对目缝头机

三、定型

袜品定型的主要目的是在一定的温度和压力条件下使袜子充分回缩，消除纱线在编织时的内应力和扭向，使袜子的外观平整、纹路清晰、尺寸稳定，便于包装上市。

另外，定型这一工序还有进行质量检验的作用。影响定型效果的因素有型板的规格尺寸、式样、材质，蒸汽的压力、温度，袜子与高湿蒸汽接触的次数、时间，袜子本身所用原料的性能等。

袜子定型常用的设备有自动旋转式蒸汽定型机（见图1—4）、硫化罐式定型机（见图1—5）和箱式小型定型机（见图1—6）。

其中，自动旋转式蒸汽定型机在实际生产过程中比较常见。

图1—4　自动旋转式蒸汽定型机

图1—5　硫化罐式定型机

四、染整

1. 全棉漂白

煮练→水洗→氧漂→水洗→增白→（柔软处理）→脱水→烘干。

2. 全棉浅、中色

煮练→水洗→氧漂→水洗→染色→水洗→柔软处理→脱水→烘干。

图1—6　箱式小型定型机

3．全棉深色

煮练→水洗→染色→水洗→柔软处理→脱水→烘干。

五、检配

检配，顾名思义，就是检查配对，是将定好型的袜子转到包装后的第一道工序。成品尺寸的检查方法，应依照生产企划书及工艺单制定。

配对：将挑选后的好袜按上下筒长短一致、宽窄一致且罗口大小相同的标准配成一对，颜色不能有色差。

配对中手法必须严格按客户要求，如怎样对折，袜跟在左或在右。有些订单无须对折，以方便包装展示花型图案。

图1—7　刺绣后的袜子

六、商标

1．刺绣

刺绣后的袜子如图1—7所示。

2．烫标

（1）袜子烫标设备（见图1—8）。

图1—8　袜子烫标设备

（2）烫标袜子（见图1—9）。

图1—9　烫标袜子

3. 烫胶

（1）袜子烫胶机（见图1—10）。

图1—10　袜子烫胶机

（2）烫胶袜子（见图1—11）。

图1—11　烫胶袜子

七、包装

1. 包装工艺流程

包装工艺流程：辅料检验——包装样板确认——大货包装——检针——装箱——验货——入库——出货。

包装工艺依据：包装工艺必须以客户的企划书为依据，以客户确认的样板为模板。

2. 包装辅料

包装辅料包括吊卡、腰封、挂钩（左向或右向）、条形码、胶贴、纸箱（印箱唛）等。包装辅料在打样——确认——印刷——验收等环节中，对于每个环节都很重要。

（1）挂钩（见图1—12）。

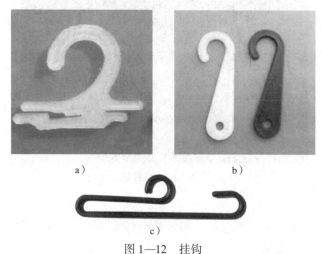

图1—12　挂钩

（2）吊卡、条形码、OPP袋、胶贴等（见图1—13）。

OPP袋

胶贴、条形码

包装好的袜子

吊卡

图1—13　吊卡、条形码、OPP袋、胶贴等

八、装货

1. 大货包装

完成上述步骤后包装工艺单正式形成，新品种包装产品生产前，由质检员负责给包装人员培训后才能进入大货批量生产作业。

2. 检针

对出口货物，一般都需要用检针机（见图1—14）检针。国外有些地区特别强调货物中严禁出现金属物，如日本、澳大利亚等，法律上都有明文规定。

图1—14　检针机

3. 装箱

按照颜色配比和数量装入大包装。箱外数量必须同步，如果有尾箱的必须把箱唛修改一致，否则将会影响报关。

4. 验货

客户或者客户指定的第三方根据订单要求按比例进行抽样检验。

5. 装柜

装柜前一定要准备好装柜资料和相关保管手续。装柜时，严格按照装柜资料明细数量执行，不得出现有多有少或者款式不对等问题（见图1—15）。

图1—15　装柜

本章思考题

1. 袜子的种类有哪些？
2. 织袜生产工艺流程是什么？
3. 袜子的成形过程分为几步？

第2章

织袜设备

袜子是由袜机织成的，袜机一般是口径为 3.5~4.5 in 的圆形针织机。袜机种类较多。从针数上来区分，棉袜常用的针数有 84 针、96 针、108 针、120 针、132 针、144 针、168 针、176 针、200 针，丝袜常用的针数有 200 针、240 针、280 针、480 针。就跟毛衣一样，有粗针的，也有细针的。针数越大表示纱线越细，纱线的粗细决定袜子的细密程度。比如常说的超密袜子，应该就是 200 针袜机做的袜子（虽然和原料也有关系，但主要是针筒的关系）。从组织结构上来分，有单针筒袜机、双针筒袜机等。

本章按照单针筒织袜设备和双针筒织袜设备来讲解，重点介绍常见织袜设备的种类及其技术特征。

第1节 单针筒袜机

培训目标

→ 1. 了解单针筒袜机的种类
→ 2. 熟悉单针筒袜机的技术特征
→ 3. 掌握单针筒袜机的特点

目前，我国许多袜厂选用先进成熟的新型袜机，这些袜机的特点是运转稳定、生产效率高、品种新颖、翻改方便、便于管理。

一、普通单针筒袜机

普通单针筒袜机是指用一个针筒编织长、中、短筒袜和连裤袜的袜机，可生产平针、添纱、集圈、提花、毛圈和横条等各种组织的袜子。主要成圈机件有舌针、沉降片、底脚片和提花片。舌针针踵有长、中、短之分，一般长踵针和短踵针分别配置在针筒的半个圆周上。舌针在针筒槽内做上下运动进行编织。沉降片处于舌针之间，做径向进出，其作用是退圈时握持线圈，成圈后牵拉线圈。成圈时靠针头离沉降片上平面的距离来决定线圈长度。底脚片可将运动传递给舌针，提花片上有多级片齿，可借以选针。选针后舌针按不同的路线运行，以决定是否参加编织。

如图 2—1 所示，单针筒袜机三角系统的上中三角和左、右弯纱三角为对称三角座，所以针筒单向或双向回转时皆可进行编织。提花三角作用在提花片的片踵上，可使舌针上升到退圈高度，在右弯纱三角上面经过，经上中三角压下，并喂入纱线，然后沿左弯纱三角下降形成新线圈，脱掉旧线圈，再沿镶板上升，最后形成线圈。如提花片被选针机构推进针筒槽内，则不沿提花三角上升，而使舌针在较低的位置上运行，此时不垫纱也不成圈。

单针筒袜机的特点是可以双向编织袋形的袜跟与袜头。编织袜跟与袜头的方法相同，由挑针器和揿针器来完成。袜跟开始编织时，先使袜面织针停止工作，此时针筒变为双向回转，左右挑针器交替进入工作，当针踵遇到挑针器时，挑针器将一只针挑到上中三角之上，使之退出工作，此为收针过程。收到一定针数后，揿针器进入工作，使被挑起而退出工作的织针再逐步参加编织，此为放针过程。放针时每次揿针器揿下两针，

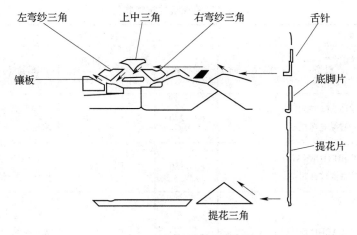

图 2—1　单针筒袜机三角系统

挑针器仍挑起一针，以使参加工作的织针数逐步增加。放针结束，袜跟形成。袜头也可用以上方法编织，但袜头的封闭可在以后的专门工序缝合，也可在袜机上直接缝合，还可采用其他方式（如扭结、热熔等）来完成。

在编织某些长、中筒袜时，在针筒上方的圆盘槽内放有袜口钩，袜口钩做径向进出运动，由前部的钩子钩住起始线圈（见图 2—2），并后缩使线圈藏起，当单层袜口织到足够长度而对折成所需的双层时，袜口钩前移，将起始线圈转移到舌针上而使双层袜口折合。起口、折口时织针的动作由另外的三角系统完成。

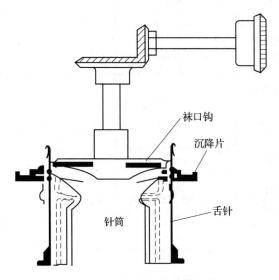

图 2—2　单针筒袜机成圈机件

二、常用单针筒袜机的技术特征

常用单针筒袜机的技术特征见表 2—1。

表 2—1　　　　　　　　　　　常用单针筒袜机的技术特征

项目		技术特征				
制造厂	机型	筒径（mm）	总针数	进线路数	机速（r/min）	机器特点及应用范围
意大利胜歌（SANGIA - COMO）	4CUSELTE2C 型提花袜机	82	60~240	2	240	四色提花和五色间色，编织男袜、童袜和毛圈运动袜
	TWORIBTORNADO 型罗纹袜机	82~102	60~160	2	240	针筒和上针盘设计，编织棉袜、毛袜等罗纹袜
	MACHINE 型电脑提花袜机	102	84~120	4		8 个电子选针器，可编织大花型袜子，也可生产无虚线嵌花和各类立体特殊效果的袜子
	CUS、RIB 型电脑提花袜机	82~95	72~216	2		针筒和上针盘设计，电脑提花，可生产提花罗纹毛圈组织的男袜、女袜和童袜
	6CUSF·E 型电脑提花袜机	82~89	72~240	2		针筒和上针盘设计，有电子屏幕显示，全程电脑控制，生产罗纹组织各类袜子
	TWO RIBCOLOR 型提花袜机	89~102		2		花滚筒提花罗纹袜
	TWO RIBUNIVE - RSAL 型提花袜机	114	72~120	2		
日本永田（NAGATA - SEIKR）	KS - 232 型提花袜机	82、89、95	96~360	2	220	2 个花滚筒，生产男女短袜
	KS - 232B 型提花袜机	82、89、95	96~240	2	220	2 个花滚筒
	KSD - E 型电脑提花袜机	82、89、95	96~240	2	220~240	电脑提花男女袜
	KSC - E 型电脑提花袜机	82、89、95	96~240	2	220~240	电脑提花男女袜
	KSB - S 型电脑提花袜机	89、95	84~144	2	160	提花运动袜

项目		技术特征				
制造厂	机型	筒径（mm）	总针数	进线路数	机速（r/min）	机器特点及应用范围
意大利伊尔马克（IRMAC）	MBCS型提花袜机	77～102	58～252	2	220	3个花滚筒，生产提花童袜、毛巾袜、锦丝袜
	MBCS/E型电脑提花袜机	77～102	56～200	2	180～220	电脑提花童袜、毛圈袜、锦丝袜
	MTRD型提花袜机	77～102	58～76	1	165	2个花滚筒，生产提花男女短袜
	MZEJ型提花袜机	102	96～108	2	200	2个花滚筒，生产男女提花短袜、童袜
	M2CJ型袜机	102	168		200	
	MCON型袜机	114	72、84、96	1	200	生产男女毛圈短袜
意大利圣东尼（SANTONI）	EJ8型提花袜机	95	94～280	2	400	制作男女提花短筒厚袜和提花厚连裤袜
	PENDOLINA型提花袜机	95	301～421	2	500	27级花滚筒2个，生产提花长、短筒女丝袜
	PENDOLINA－V型提花袜机	95	144～280	2	500	27级花滚筒2个，生产男女提花长筒厚袜及厚连裤袜
	COLLEGE型运动袜机	95	84～108	2	平纹280毛圈260	生产罗纹毛圈运动袜
	沙克型罗纹袜机	95	72～96	3	400	针筒和上针盘设计，生产各类罗纹袜，电子控制
中国台湾大康（DOKANG）	DK－B103型提花袜机	89	70～180	2	180	25级花滚筒3个，生产网孔、提花童袜
	DK－B103T型毛圈运动袜	89	70～132	2	180	25级花滚筒3个，生产毛圈提花运动袜
	DK－B203T型毛圈运动袜	89	70～132	2	240	25级花滚筒3个，生产毛圈提花运动袜
	DK－B303型提花袜机	89	120～180	2	240	30级花滚筒3个
	DK－C型平纹袜机	89	70～180	2	180	生产素色男女袜
	DK－D型毛圈袜机	89	70～132	2	180	生产男女毛圈袜
	DK－D101型毛圈运动袜机	89	70～132	2	240	生产毛圈运动袜

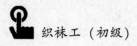

项目		技术特征				
制造厂	机型	筒径（mm）	总针数	进线路数	机速（r/min）	机器特点及应用范围
意大利考罗士	STELLA 型电脑提花袜机	102～128	50～80	1	140、180	针筒和针盘设计，电脑提花，生产长筒袜和女连裤袜
	MAGICA 型电脑提花袜机	102	84、96、120	4	200	生产男短袜
	PERLA 型电脑提花袜机	89	200	3	200	电脑提花，生产提花男女短袜，可织罗纹袜
	LSSIMA 型电脑提花袜机	89	200	4	200	电脑提花，可织罗纹袜和单色提花袜
	PEGINA 型电脑提花袜机	89	132～200	3	200、280	电脑提花和全部电脑控制，可采用终端机传送设计花型
意大利考尼梯	ELETTORONICA－P 型毛圈运动袜机	89、102	80～120	2	200	生产间色毛圈运动袜
	ELETTRONIC－F 型电脑提花运动袜机	89、102	80～120	4	200	生产提花运动袜
	INCREDIBLE 型电脑提花袜机	89	108～120	4	200	生产提花男短袜和运动袜
意大利马泰克（MATEC）	SPORT 型假跟运动袜机	102	84～160	4	320	添纱组织运动袜
	MATEC1000 型多色提花袜机	89	168～216	2	220/110	针筒和针盘设计，可做平纹、罗纹、网孔袜，11色提花袜

项目		技术特征				
制造厂	机型	筒径（mm）	总针数	进线路数	机速（r/min）	机器特点及应用范围
意大利路米（RUMI）	ATHOH 型移圈袜机	82、89	54～84	2	180	生产移圈组织童短袜
	ATHOH TIGHTS 型移圈袜机	89	96～120	2	180	生产移圈组织短袜或厚连裤袜
	K. R. S-4RRICAMO 型毛圈运动袜机	82、89	24～54	2	200	生产毛圈运动袜
	ATHOHK6MIR 型移圈袜机	82、89	54～84	2	200	生产童袜或厚连裤袜
	ATHONELELTRONIC 型电脑提花袜机	82、89	54～84	2	180	电脑提花和程序控制，生产童袜
韩国新韩（SHINHAN）	SH-25S 型、25D 型、36D 型提花袜机	82、89、95	64～220	2	200	生产提花男女袜
	SH-1KBK 型提花袜机	89、95	72～220	2	200	生产提花男女袜
韩国水山	KDW-3K 型提花袜机	89、95、102	84～240	—	200	生产男女袜及童袜

第2节 双针筒袜机

➔ 1. 了解双针筒袜机的种类

➔ 2. 熟悉双针筒袜机的技术特征

➔ 3. 掌握双针筒袜机的特点

　　双针筒袜机结构复杂，它由上下两个针筒和上下两组编织系统组成，也有素色袜机和提花袜机之分，可以编织罗纹组织、素色凹凸组织、双色或三色提花组织、提花与凹凸复合组织、提花集圈与凹凸复合组织、绣花与凹凸复合组织等。

一、国产双针筒袜机

国产双针筒袜机机型较多，其中两种机型的技术特征见表2—2。

表2—2　　　　　　　　　　　国产双针筒袜机的技术特征

机器型号	Z651	Z76
袜品类型	罗口：可织1+1、2+2、3+1的组织 袜身、袜底：可织三色提花和1+1、2+2等条纹组织	罗口：可织1+1、2+2、3+1的组织 袜身、袜底：可织单身提花和1+1、2+2等条纹组织
适用原料	锦纶弹性丝、腈纶、羊毛和化纤混纺纱等	锦纶弹性丝、腈纶、羊毛和化纤混纺纱等

二、进口双针筒袜机

我国现在拥有许多国外生产的新型双针筒袜机，这些袜机的特点是转速快、品种多，有机械式或全电子程序控制的控制机构和选针机构。常见的进口双针筒袜机的技术特征见表2—3。

表2—3　　　　　　　　　　进口双针筒袜机的技术特征

项目		技术特征				
制造厂	机型	筒径（mm）	总针数	进线路数	机速（r/min）	机器特点及应用范围
意大利罗纳地（LONATI）	LR 型双针筒袜机	70~102	84~240	2	350	双反面罗纹袜
	EL 型高速双针筒袜机	70~102	84~240	2	380	罗纹及双反面组织袜
	JVNIOR2 型提花双针筒袜机	70~102	84~240	2	380	1个电子选针器，双色提花袜
	LIJ3C 型提花双针筒袜机	70~102	84~240	2	220	提花滚筒，三色提花袜
	MASTERE 型提花双针筒袜机	70~102	84~240	2	220	2个电子选针器，三色提花袜
	LR6 型双针筒袜机	114	84~112	2	300	罗纹袜
	L6 型提花双针筒袜机	114	84~112	2	300	1个电子选针器，罗纹及双反面组织袜
	LLJ6 型提花双针筒袜机	89~114	68~112	2	200	2个提花滚筒，三色提花袜

项目		技术特征				
制造厂	机型	筒径（mm）	总针数	进线路数	机速（r/min）	机器特点及应用范围
意大利马泰克（MATEC）	MATEC2000型提花双针筒袜机	70~114	76~260	2	280、240	2个提花滚筒，可以织平纹、提花罗纹短袜
	MATEC2002型提花双针筒袜机	82~102	96~260	2	380、260	1个提花滚筒，可以机械和电子选针
	MATEC3000型三色提花双针筒袜机	82~102	92~248	3	260、200	各款式提花短袜
	MATEC4002型电脑提花双针筒袜机	82~102	84~224	2	400、260、210	全电子程序控制，利用终端机编排程序，编织男袜、童袜
意大利瓦诺	MORENI-1C型电脑提花双针筒袜机	140	40~64	1	75/150	电脑提花及程序控制，生产男女厚型袜或女厚连裤袜
	MORENI-2CV型提花双针筒袜机	102	168~176	2	260	32级提花滚筒，生产男袜
	MORENI-3C型电脑提花双针筒袜机		108~180	2	300	电脑提花程序控制，生产厚型兔羊毛袜类
韩国富胜	BS-2-TR型毛圈运动袜机	102	108、120、132	2	150	生产罗纹运动袜
	BS-3-LK型提花双针筒袜机	102	100~176	2	140~180	生产提花童袜
韩国兄弟（IL-SHIN）	BS-3-LK型双针筒袜机	89、102、114	72~176	2	140~170	生产罗纹袜
	BS-4-AD型双针筒袜机	89、102、	108~176	2	220~250	生产罗纹运动袜

续表

项目		技术特征				
制造厂	机型	筒径 （mm）	总针数	进线 路数	机速 （r/min）	机器特点及应用范围
日本 永田	EJL – S 型提花双针筒袜机	82～114	84～308	2	180～200	三色提花袜
	NJL – ES 型电脑 提花双针筒袜机	89～102	110～240	2	180～200	大花型男女袜
	NJL 型提花双针筒袜机	102	120～240	2	160～180	3 套提花滚筒
	JL3 型提花双针筒袜机	76～114	72～220	2	150～160	男女提花短袜
中国台 湾大康 （DOKANG）	DK – A101 型罗纹双针筒袜机	102、114	72～176	2	220、110	—
	DK – A101S 型罗纹双针筒袜机	102、114	72～176	2	220、110	有吊线换色装置， 可织凹凸条纹
	DK – A101T 型毛圈运动袜机	114	72～180	2	230、110	生产罗纹毛圈运动 袜

本章思考题

1. 常见单针筒袜机有何特点？
2. 常见双针筒袜机有何特点？

第 **3** 章

织造

针织袜子行业主要分为织、缝、定、包四大项。挡车工必须了解织袜工序，才不会导致工序的错乱，以避免造成不必要的损失。在织造工艺过程中，织造是织袜过程中的一项重要内容，织袜工人（本章指挡车工）操作织袜机说起来比较复杂，但是操作起来很简单，织袜工必须熟练操作挡车。熟练使用织袜机已经成为织袜工的基本操作要求。

本章是本书的重点，主要介绍织袜的全部过程：讲解挡车工的操作规程，挡车工必须严格按照挡车工的操作规程进行操作；讲述单针机台的操作规程，对于常见设备出现的故障及其原因进行详细介绍；对于织袜常见设备控制面板的使用进行详细说明。

第1节 织造工序

→ 1. 熟悉织袜各工种
→ 2. 了解织袜各工种的工作流程
→ 3. 掌握织袜工序

一、电脑设计

（1）按事业部（或生产部）下发的打样要求设计花型，并配好颜色。

（2）将设计好的花型交给打样员打样。

（3）将打样袜子连同打样通知单转到下道工序（打样通知单包括花型、下机工艺、颜色、色号、原料产地、成分含量、克重及下机时间等内容）。

（4）将成品袜及打样通知单送往技术部确认。

（5）将确认后的工艺填入工艺单，连同样袜交给车间副主任安排改机。

二、仓管

（1）验收从公司原料仓库领取原料的合格情况（按公司规定抽验），发现不合格的开单退回原料仓库，合格的予以入库，并登记原料的具体规格、颜色、净重和产地。

（2）入库后将原料分门别类（支数、颜色、产地）堆放，并在相应位置予以标识（包括支数、颜色）。对有特殊要求的原料必须特别注明和标识。

（3）核算好一天用料（原料报表一式两份，一份交原料采购部，另一份交车间副主任处存档）并安排杂工拉够车间一天所需原料。

（4）月底（一般为每月25日下午）对当月库存原料进行盘点，盘点好的数量交给车间统计人员。

（5）借进借出原料做专门的记录，月底连同盘点数量交给车间统计人员。

（6）原料使用过程中出现的问题（原料质量不好，如断线频率高、色差、色花等）及时核算出次品率，并以书面形式上报车间及采购部。

（7）监督员工按原料使用要求使用原料。若员工不按要求领用原料，应采取相应措施（如教育、引导等）。

（8）填写车间生产进程表，并与组长填写的生产进程表进行核对，发现问题及时与组长沟通。

（9）原料短缺（如缺颜色）或更换，须及时通知组长，并在原料仓库的黑板上写出相应的通知。

（10）需要审购的原料提前三天以书面形式上报，若采购部不能及时购回原料，提前一天反映给车间副主任。

三、组长

（1）根据生产单要求及样袜安排机台改机（工艺单由打样员填好）。

（2）在生产运作中，每班填写生产进程表控制生产数量。

（3）生产运作中巡回检查（即脱产检查）机台上袜子的质量。

（4）负责挡车工的非正品袜、个人产量记录及流程卡的签名、转移单的开写。

（5）在袜子检查过程当中，还需检查机台原料的正确使用情况。

（6）培训和引导新老员工的工作，了解关心员工的生活和思想动态。

（7）负责本班组的现场管理、劳动纪律。

四、挡车工

（1）提前 10 min 进入车间，做好接班准备工作。

（2）接班检查所管辖机台范围（包括机台纱架上）是否有多余杂物（如空线筒、不同的原料、次袜、废袜、塑料袋、扎头、线头等脏杂物），若不清洁及时上报组长处理。

（3）接班检查所管辖机台的运转情况，发现运转不正常的及时上报组长或质检人员处理。

（4）了解所管辖机台的用料情况及货号颜色。

（5）全面负责所管辖机台的质量、数量（以 20 只/打为单位，罗口与袜头两端捆扎）及非正品袜的分类点数（分货号、颜色）。

（6）所管辖机台发生故障时，及时请机修工修理，机修工处理不了时，及时上报组长或质检人员。

（7）爱护原料。遵守先拿零后拿整的原则，不得把未做完的原料扔掉，若认为不能做的交组长统一处理。

（8）原料用完及时更换。

五、移袜力工

（1）根据转移单上记录的数量、货号、颜色与实物予以一一核对、点数。

（2）核对、点数确保无误后，将袜子分颜色、货号进行装袋（以正品 30 打/袋，次品、二等品、脏污油袜 5 打/袋或是以 5 的倍数装袋）并封口。

（3）封口后挂票，票上注明颜色、货号、日期、车间、挡车工姓名、班次及数量等（票由组长写好或签字），将袜子用手推车转移出车间。

（4）送交指定地点（一般为缝拼车间）并把转移单送交袜子接收部门核定签字。

（5）签字后的转移单拿回车间。

注：若有被拒收的袜子需办理相关手续后拉回车间，并告知组长拒收袜子的原因、数量。

六、拉原料力工

（1）根据仓管所给车间一天原料耗用量从原料仓库领取原料。

（2）入库后将原料分内外销、分规格、分颜色、袋口标签朝外堆放在仓管指定地点。

（3）负责原料仓库的清洁卫生，原料用完的箱子、袋子及时整理。

七、跟班力工

（1）找好本班所需的装袜袋，并整齐堆放在指定地点（袋口朝外、找袋子的时间一般不超过1 h）。

（2）擦拭所分管的机台油盘（一天至少一次）、电动机，并保持清洁。

（3）及时倒掉油瓶里的废油，并按规定及时给机器加油。

（4）全面负责车间卫生（包括过道、机台后面等各角落），每天拖地至少三次（上午8：00、中午12：00、下午5：00各一次）。扫地次数为巡回扫，垃圾箱内不准有次袜、废纱等。保证过道无障碍物，保证各通道畅通。

（5）监督员工保持车间卫生，发现不正常现象（如乱扔废纸、纱线等）应及时指出、改正，不听制止的告知车间副主任。

第2节 挡车工操作规程

培训目标

1. 了解织袜常见术语
2. 熟悉引线与换线的操作方法
3. 掌握挡车工的操作流程

一、术语和定义

1. 规程

规程是指为设备构件或产品的设计、制造、安装、维护或使用而推荐惯例或程序的文件。

2. 提针处

提针处是指织袜时形成袜跟、袜尖的折叠处。

3. 吸风管

吸风管是指袜机上清除废线毛的塑料管。

4. 哈夫盘

哈夫盘是指袜机上织罗口的主要机件。插在哈夫盘上的机针称为哈夫针。

二、操作流程

1. 引线

使穿线架的线道与线管成垂直位置，将线引过线道再挂到断线自停的感应钩上，开机头扶手，将机头与梭子抬起，把线引入梭子内，再将机头与梭子放下（见图3—1）。

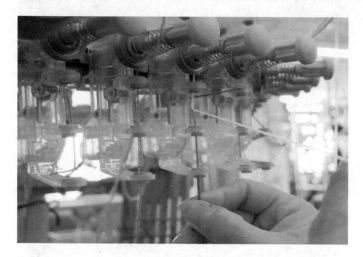

图3—1 引线

2. 启动

引线后，消除报警，点动一圈，正常开车（见图3—2）。

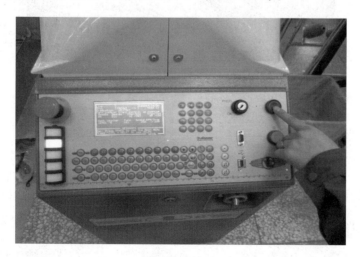

图3—2 启动

3. 巡回

面对面板逐台巡回，重点查看下机产品、原材料情况及机台异响。袜筐内下机产品不得超过2只（见图3—3）。

图3—3　巡回

4. 检查

对下机产品进行检查，重点检查机头线、提针处、袜底、袜筒、罗口、里口线、袜面部位（见图3—4）。执行标准为 FZ/T 73001—2008《袜子》。

图3—4　检查

5. 规格

每班测量三次规格，对不符合工艺要求的要及时调整。换线后必须测量规格（见图3—5）。

6. 换线

换线时要接好头，上一轴末端和下一轴首端连接，棉纱打文字结，其他打一把结，线头长度不能超过0.5 cm（见图3—6）。

图 3—5　测量规格

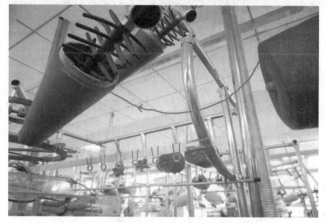

图 3—6　换线

7. 修补

修补袜子用线必须同袜子需补地方的色泽相同。按照纹路对齐、松紧一致的要求把袜子缝好，把针和编针搭配用好，并将线头钩在里面（见图 3—7）。

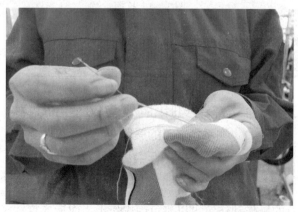

图 3—7　修补

8. 清理

吸风管里的提花线头必须在打头跟时清除，避免哈夫盘打针。在袜机正转时抬起盖头顺势拿线，不能直接拉线，以免拉坏哈夫针。双针筒不用掏线毛（见图3—8）。

图3—8　清理

9. 打捆

按工艺单要求将下机袜子捆成打，放入周转箱内，不可混品种、混等、混花型（见图3—9）。

图3—9　打捆

第3节　单针机台操作规程

培训目标

➜ 1. 了解停电时如何处理正在使用的机器

➜ 2. 熟悉挡车工的操作的要求

➜ 3. 掌握机台操作中机器错误信息显示

挡车工使用规范的操作动作，可以避免因操作不当而造成打针、机器磨损等现象。

一、操作要求

（1）挡车工在穿线时必须严格按照线架——张力装置——挂钩——张力装置——梭子的规定路线进行穿线，中间不可漏掉任何一个环节，做到穿线规范化。

（2）在机台开动时，必须开针器打入一圈后再开机。

（3）机台不能开动时，必须先认真查明原因再操作；若不能自己处理时，及时请机修工维修，不可擅自处理。

（4）挡车工在拉链条时（即按早送键时）需注意，在上层编织罗口、后跟部位时不能拉，其余部位可以拉链条。

（5）挡车工打扫机台卫生时，必须停机打扫，打扫完毕再开机。

（6）当机台因故障停机时，若需抬机头处理应注意，做上层编制罗口、橡筋线和袜跟时，不可以抬机头。

（7）机油箱指示灯亮时，先查看纱线是否断了，再点动或者摇动机器一圈，查看是否断针，如断针速请机修工更换；如没有断线和断针，请按动红色停机开关两下清除障碍，再启动机器运转。

（8）吊钩盘指示灯亮时，先查看吸风管是否脱落，再查看剪刀盘是否缠有许多废纱和断针。如吸风管没有脱落，是剪刀不利导致废纱剪不断而缠住哈夫盘，请速请机修工维修处理。

（9）纱线指示灯亮时，先查看原料是否用完，再查看原料是否打结或输送很紧，导致上面线架刹车掉下来。请更换原料，将刹车撑回原位，按红色停车按钮清除障碍，再启动机器开始正常运转。

（10）橡筋线指示灯亮时，首先查看橡筋线是否用完，再查看原料是否打结，导致橡筋线中断。穿好橡筋线请点动机器运转 1~2 圈，注意千万不可早送，拉链条做到袜身，接 Z 键，袜机程序归至零位。

（11）停电处理。首先将机器电源全部关闭，再将机器摇至终点，如突然摇不动，或不知零点位置，请速请机修工处理，以免发生事故。

二、机器错误信息显示

1. 大康机错误信息显示

3-O EMERGENCY STOP 紧急开关按钮未弹出

15-1 FAN TERMINAL OVERLOAD 吸风马达未开或负载过大

15-2 SACK HAS NOT BEEN ESECTED 袜子未出来

16-1 OILER MISSING STOP 油箱没油

16-2 IIAND N-EEL STOP 手把未脱离

16-3 YARN FINGER PLATES STOP MOTION 盖头未盖好

16-4 NEEDLES STOP MOTION 探针舌电子停车

16-5 RUBBER STOP MOTION 断针电子停车

16 - 6 RUBBER　STOP　MOTION　橡胶丝电子停车

16 - 7 TRMISFER　YARNS　STOP　MOTION　反口盘停车

16 - 8 YARN　CUTTER　DIRTY　MOTION　剪刀不利电子停车

16 - 9 TENSION　YARN　MOTION　张力架电子停车

16 - 10 HEEL　TAKE - UP　STOP　MOTION　张力杆电子停车

16 - 11 UPPER　YARN　BREAKAGE　STOP　MOTION　上断电子停车

16 - 12 LONER　YARN　BREAKAGE　STOP　MOTION　中断电子停车

16 - 15 LON　AIR　PRESSUER　STOP　MOTION　风压不足

2. 罗纳地（圣东尼）机错误信息显示（见表 3—1）

表 3—1　　　　　　　　　　罗纳地（圣东尼）机错误信息显示

(1) CHUE21： Stop elastic 1	断橡筋线报警
(2) CHUE6709： End rack	断纱线感应器报警
(3) CHUE23： Stop heel and toe take up	断后跟氨纶报警
(4) CHUE36： Latch needles 2	针舌探针器报警
(5) CHUE37： Latch needles 1	针舌探针器报警
(6) CHUE38： Needles butt	打针脚探针报警
(7) CHUE62： Dial obstruct	剪刀盘缠线报警
(8) Dropper risht	右掀针报警
(9) Dropper left	左掀针报警
(10) Selectors exclusion feed 1	橡筋线下拉头报警
(11) CHUE06： Stop handle	摇手柄感应报警
(12) CHUE01： Sock notejected	袜子未下来报警
(13) CHUE20： Stop needles during heel	头跟歪针报警

第4节 袜机控制面板的使用说明

→ 1. 了解常见的袜机

→ 2. 熟悉各袜机的面板

→ 3. 掌握不同袜机的正确操作方法

一、中国台湾大康单针筒袜机（见图3—10）

图3—10 中国台湾大康单针筒袜机

（1）归零键，机器快速执行归零动作至零步（见图3—11）。

（2）步序暂停键。按F2键，步序或图形程序停止计数，再按一次继续执行（见图3—12）。

（3）终点停机键。工作状态时，按下F3键，则出现反白符号，即织到零步时自动停机（见图3—13）。

（4）早送键。工作状态时，按下早送键，则出现反白符号，即每步各织一圈并快速通过至零步（见图3—14）。

（5）抬梭子键。断纱欲再重新穿纱时，按I键，可将所有喂纱梭子抬起穿纱，穿好后再按一次I键，则梭子下去（见图3—15）。

图3—11　归零键

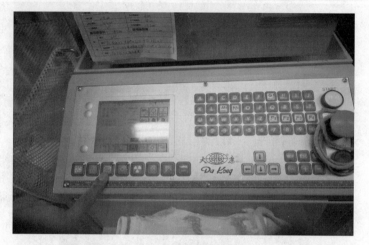

图3—12　步序暂停键

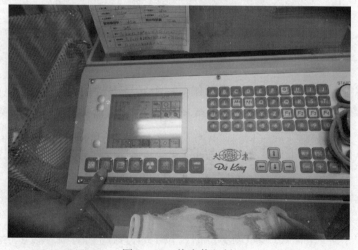

图3—13　终点停机键

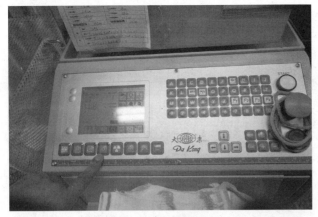

图3—14　早送键

图3—15　抬梭子键

抬橡筋线梭子的具体操作如下：

按1+I键，橡筋线梭子进入，再按I键，橡筋线梭子出来。

按3+I键，橡筋线剪刀张开，再按I键，橡筋线剪刀闭合。

（6）开机键（见图3—16）。

图3—16　开机键

（7）停机键。操作界面如出现错误信息或代码，排除故障后，通常按 STOP 停机键即可消除错误信息或代码，如果不能消除，则故障可能未被排除（见图 3—17）。

图 3—17　停机键

（8）点动键（见图 3—18）。

图 3—18　点动键

（9）盖头上下操作键（见图 3—19）。需于 WORK 状态下执行，依次按 G 和 T 后，再按 M 盖头向上（见图 3—20），按 N 盖头向下，按 F1 键盖头离开（见图 3—21）。

图 3—19　盖头上下操作键

图 3—20　盖头向上

图 3—21　盖头离开操作键

（10）密度修改键。按 R 键或 F4R，再按 9999E 让光标出现，再由 I、J 键修正其数值增加或减少，按 F1 键离开，再选择 E 键离开（见图 3—22）。

图 3—22　密度修改键

二、韩国兄弟单针筒袜机（见图3—23）

图3—23　韩国兄弟单针筒袜机

（1）开机键（见图3—24）。

图3—24　开机键

（2）停机键。通常按STOP停车键，即可消除错误信息或代码；如果不能消除，则故障可能未被排除（见图3—25）。

图 3—25　停机键

（3）复位归零键。使机器快速执行归零动作至零步（见图 3—26）。

图 3—26　复位归零键

（4）1 键，抬梭子。抬起梭子穿纱，穿好后再按 1 键梭子下去（见图 3—27）。

图 3—27　抬梭子键

（5）3键，手动加油（见图3—28）。

图3—28　手动加油键

（6）5键，三角密度修改（见图3—29）。

图3—29　三角密度修改键

（7）6键，针筒密度修改（见图3—30、图3—31）。

图3—30　针筒密度修改键

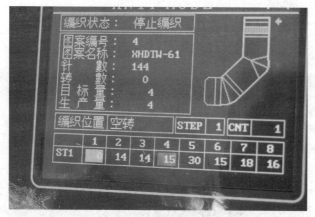

图 3—31　针筒密度修改显示

方向键（见图 3—32）移动光标，直接输入数字修改密度，完成后退出。

图 3—32　方向键

三、奥罗拉双针筒袜机（韩信电脑）（见图 3—33、图 3—34）

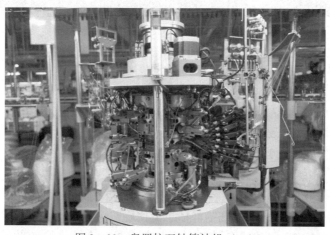

图 3—33　奥罗拉双针筒袜机（一）

图3—34 奥罗拉双针筒袜机（二）

（1）抬纱子气阀开关（见图3—35）。

图3—35 抬纱子气阀开关

（2）抬剪刀夹线操作（见图3—36）如下：

1）11 + I：抬第1把剪刀夹线。

2）12 + I：抬第2把剪刀夹线。

3）13 + I：抬第3把剪刀夹线。

4）14 + I：抬第4把剪刀夹线。

5）15 + I：抬第5把剪刀夹线。

6）16 + I：抬第6把剪刀夹线。

（3）停机键。操作界面如出现错误信息或代码，排除故障后，通常按STOP停机键即可消除错误信息或代码，如果不能消除，则故障可能未被排除（见图3—37）。

图 3—36　抬剪刀夹线

图 3—37　停机键

（4）开机键（见图 3—38）。

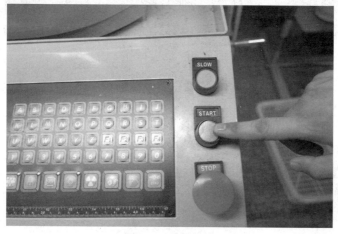

图 3—38　开机键

（5）点动键（见图3—39）。

图3—39　点动键

（6）F3键，终点停机。工作状态下，按下F3键，则出现反白符号，即织到零步时自动停机（见图3—40）。

图3—40　终点停机键

（7）F2键，步序暂停。按下F2键，步序或图形程序停止计数，再按一次继续执行（见图3—41）。

（8）ZERO键，早送键。工作状态时，按下ZERO键，则每步各织一圈，快速通过至零步（见图3—42）。

（9）密度修改键（见图3—43）。

进入密度修改界面：方向键选择——E——F3——输入数据——F3——F1——F1——F3——F3，完成修改（见图3—44）。

图 3—41　步序暂停键

图 3—42　早送键

图 3—43　密度修改键

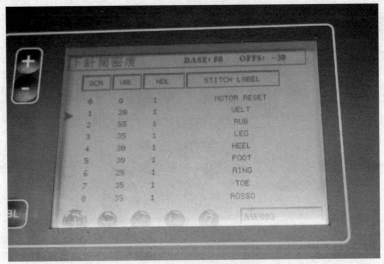

图 3—44　密度修改界面

四、奥罗拉双针筒袜机（国产电脑）（见图 3—45）

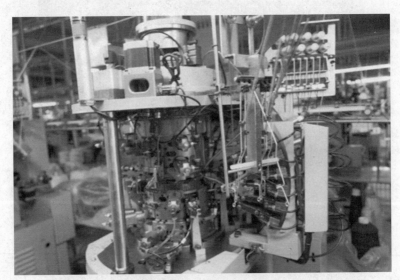

图 3—45　奥罗拉双针筒袜机（国产电脑）

（1）停机键。操作界面如出现错误信息或代码，排除故障后，通常按 STOP 停机键即可消除错误信息或代码，如果不能消除，则可能异常未排除（见图 3—46）。

（2）开机键（见图 3—47）。

（3）点动键（见图 3—48）。

（4）CHAIN EDIT 键，用于修改圈数、密度、速度等参数（见图 3—49、图 3—50）。

（5）S4 键，牵拉控制。当袜子出不来时，按此键牵拉上下运动一次以打出袜子方可开机，否则不能开机（见图 3—51）。

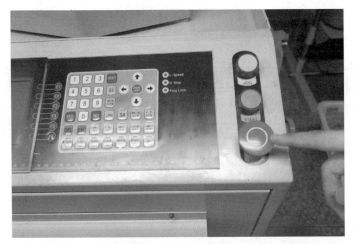

图 3—46　停机键

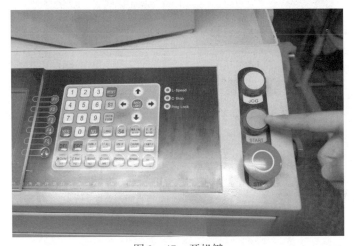

图 3—47　开机键

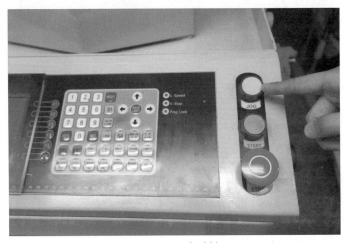

图 3—48　点动键

图3—49　CHAIN EDIT 键

图3—50　进入界面

图3—51　牵拉控制键

（6）吹气键（见图3—52）。

图 3—52　吹气键

（7）H2 键，单只袜零位停机。按下 H2 键，织完一只袜后至零位停机（见图 3—53）。

图 3—53　单只袜零位停机键

（8）H4 键，锁定链条。按 H4 键后，再按 YES 键，程序停止运行，在原程序位置运转（见图 3—54）。

图 3—54　锁定链条键

（9）H5 键，程序归零。停机后，按 H5 键后再按 YES 键，然后开机，机器自动复位归零（见图 3—55）。

图 3—55　程序归零键

（10）剪刀起落。按上下方向键选择梭子 1~6 号后，按 F4 键起落，按 F1 键返回。

1）Y. F. ALL OUT 键为抬梭子键（见图 3—56）。

图 3—56　抬梭子键

2）按上下方向键选择梭子 1~6 号（见图 3—57）。

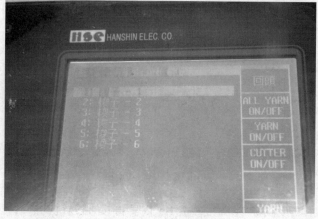

图 3—57　选择梭子

3）F4 起落键（见图 3—58）。

图 3—58　起落键

4）F1 返回键（见图 3—59）。

图 3—59　F1 返回键

五、意大利 LONATI 罗纳地双针筒袜机

常用键如下：

F0：程序归零。停机后按 F0，再开机，机器自动复位归零。

F1：锁定链条。程序停止运行，在原程序位置运转。

F2：织短袜。快速运转程序织短袜。

F3：单只袜零位停机。按下 F3，织完一只袜后到终点停机。

F5：低速键。

F6：中速键。

F7：吹气键。

F8：消除错误键。故障排除后，按 F8 消除错误信息，开动机器。

F9：牵拉控制键。当出现"SOCK PASSAGE"（袜子不出来）时，按此键牵拉上下运动一次，打出袜子后方可开机，否则不能开机。

Z键：换动作停机。按Z键，机器转换动作前自动停机。

2键：点动键。

（1）面板（见图3—60）。

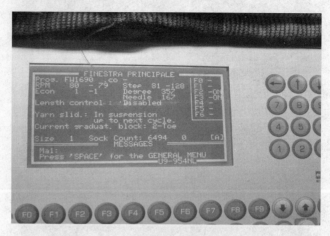

图3—60　面板

（2）按TAB键，进入穿线面板显示界面（见图3—61）。

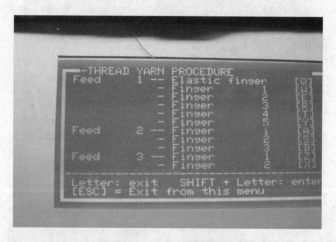

图3—61　穿线面板显示屏

（3）F1，锁定链条。程序停止运行，在原程序位置运转（见图3—62）。

（4）F2，织短袜。按TAB键，再按与断线相对应的纱嘴编号，纱嘴和剪刀自动退出一定位置，穿好线后按ESC键退出，按F7把线吹进针筒并按F2键点动。

（5）F3，单只袜零位停机。按下F3，织完一只袜后到终点停机（见图3—63）。

（6）F5，低速键（见图3—64）。

（7）F6，中速键（见图3—65）。

（8）F7，吹气键（见图3—66）。

（9）F8，消除错误键。故障排除后，按F8消除错误信息，开动机器（见图3—67）。

图 3—62　锁定链条

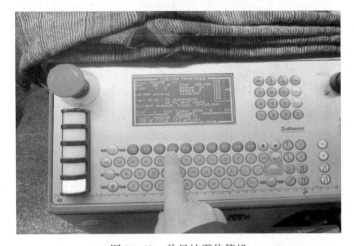

图 3—63　单只袜零位停机

图 3—64　低速键

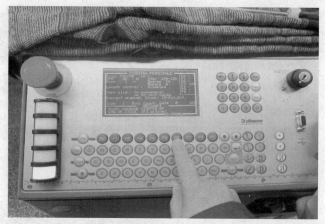

图 3—65　中速键

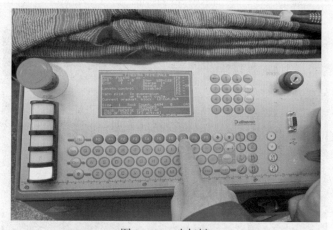

图 3—66　吹气键

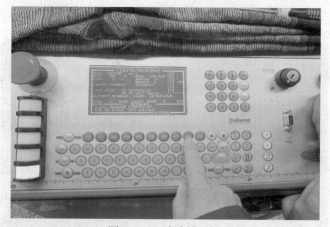

图 3—67　消除错误键

（10）F9，牵拉控制键。当出现"SOCK PASSAGE"（袜子不出来）时，按此键牵拉上下运动一次，打出袜子后方可开机，否则不能开机（见图 3—68）。

图 3—68　牵拉控制键

（11）F0，程序归零。停机后按 F0，再开机，机器自动复位归零，机器停止运转后，按 F1 键，再按启动键开始运转（见图 3—69）。

图 3—69　程序归零

（12）修改密度。先按 G 键，再按 A 键（见图 3—70、图 3—71）。

图 3—70　修改密度（一）

图 3—71　修改密度（二）

（13）进入密度修改页面（见图 3—72）。

图 3—72　密度修改页面

（14）用方向键移动光标修改（见图 3—73）。

图 3—73　用方向键移动光标修改

（15）修改完成后，按回车键保存。密度修改完成，按完成键退出（见图 3—74）。

图 3—74　完成键

六、意大利 LONATI 罗纳地单针筒袜机

1. 常用键

（1）停机键（见图 3—75）。

图 3—75　停机键

（2）Tab 键：手动功能键（见图 3—76）。

图 3—76　手动功能键

(3) Z 键：抬纱子键（见图 3—77）。

图 3—77　抬纱子键

(4) 开机键（见图 3—78）。

图 3—78　开机键

(5) 紧急停车键。发生紧急情况时按下此键（见图 3—79）。

图 3—79　紧急停车键

（6）F0：程序归零。停机后按 F0，再开机，机器自动复位归零，机器停止运转后，按 F1 键，再按启动键开始运转（见图 3—80）。

图 3—80　程序归零

（7）F1：锁定链条。程序停止运行，在原程序位置运转（见图 3—81）。

图 3—81　锁定链条

（8）F3：单只袜零位停机。按下 F3，织完一只袜后到终点停机（见图 3—82）。

图 3—82　单只袜零位停机

（9）F4：部段停机。也叫换动作停机，织完袜子的一个部段后停机（见图3—83）。

图3—83　部段停机

（10）F5：低速键（见图3—84）。

图3—84　低速键

（11）F6：中速键（见图3—85）。

图3—85　中速键

（12）F7：开针钩（见图3—86）。

图3—86　开针钩

（13）F8：消除错误键。故障排除后，按 F8 消除错误信息，开动机器（见图3—87）。

图3—87　消除错误键

（14）F9：出袜时吹风（见图3—88）。

图3—88　出袜时吹风

（15）2 键：点动键（见图 3—89）。

图 3—89　点动键

（16）吸风键（见图 3—90）。

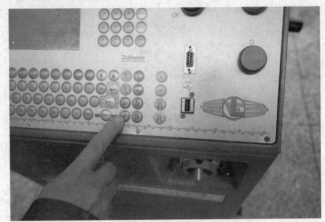

图 3—90　吸风键

（17）S 键：修改密度键。按 S 键，进入修改页面（见图 3—91、图 3—92）。

图 3—91　修改密度键

图 3—92 修改密度页面

1）用方向键移动光标（见图 3—93）。

图 3—93 用方向键移动光标

2）按上下键修改大小（见图 3—94）。

图 3—94 按上下键修改大小

3）按回车键保存（见图 3—95）。

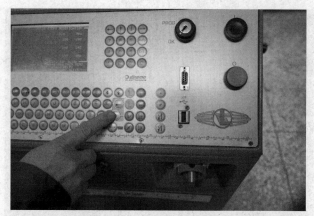

图 3—95　按回车键保存

2. 穿纱线操作

（1）左手按住机头，以免机头抬起来受撞击（见图 3—96）。

图 3—96　左手按住机头

（2）把氨纶往前拉松，以免抬机头时氨纶张力过大，因回缩而断开，需要重新再穿线（见图 3—97）。

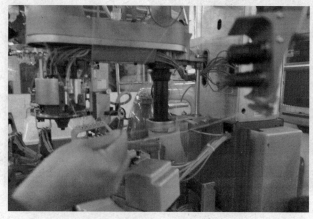

图 3—97　穿线

（3）左手按住机头，右手向后推，机头自动弹起（见图3—98）。

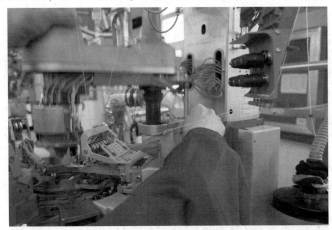

图3—98 抬机头

（4）把橡筋线往后挂，以免被剪刀盘剪断（见图3—99）。

图3—99 挂橡筋线的正确方法

（5）把原料线向后拉，放进针筒内（见图3—100）。

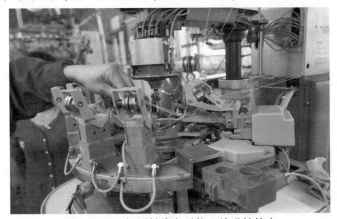

图3—100 把原料线向后拉，放进针筒内

（6）按吸风键（见图3—101），把原料线吸进针筒内。

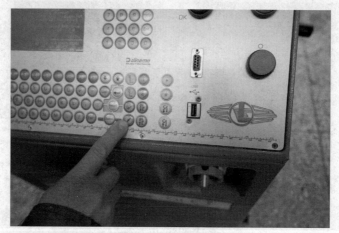

图3—101　吸风键

（7）下机头键。两边同时按住，使机头降落（见图3—102）。

图3—102　下机头键

本章思考题

1. 织袜有哪几道工序？
2. 织袜的流程是什么？
3. 目前生产车间中共有哪几种机型？

袜品的质量

要想在日益激烈的市场竞争中寻求稳定发展，无论是新兴行业还是传统行业，都需要极其重视产品质量，否则就会被市场所淘汰。所以，注重提高产品质量是一个现代企业发展的必要条件。织袜业作为传统行业的重要一员，伴随着社会的不断进步，也需要将袜品的质量控制提到日常生产当中来。

织袜工需按工艺生产，及时检测半成品的工艺是否达到标准，对工艺文件规定的工艺参数、技术要求应严格遵守、认真执行，按规定进行检查并做好记录，及时发现问题并解决产品的质量问题。本章讲解了袜品常见质量问题的产生原因及消除方法。

第1节 破洞

→ 1. 了解破洞的含义

→ 2. 熟悉破洞的产生原因

→ 3. 掌握出现破洞时的消除方法

在织物上线圈的断裂称为破洞。

一、推断

袜针在成圈后，由于沉降片的牵拉力过大，线弧受到的牵拉力大于其纱线的强力，这时线弧的断裂称为推断。

1. 产生原因

（1）左、右沉降片三角的最近角装得过近或中三角凹势过深。

（2）沉降片罩因调整过大，造成脱圈不及时。

（3）针筒级数与所采用纱线不符合工艺要求。

（4）织物密度过紧。

2. 消除方法

（1）一般以片喉超过针背 0.2 mm 左右为准（指 14～16 级）。

（2）磨正右沉降片三角圆弧凹势，调换沉降片中三角。

（3）根据工艺要求选用原料。

（4）调整织物密度。

二、轧断

在垫纱过程中，由于喂纱角偏小，纱线容易被袜针剪刀口轧住，这种断裂称为轧断。

1. 产生原因

（1）菱角压针过慢或菱角架位置偏左。

（2）方梭板过低。

（3）导纱器过长。

（4）左菱角压针角度过小，或压针面凹势过长。

（5）左菱角压针面里高外低或筒子簧过松，造成针踵接触点外移，使针头向外倾斜。

（6）袜针针舌上下不灵活。

（7）左菱角架上下松动过大或螺钉松动使收针减慢。

（8）起针位置与下钢圈凹势位置配合不对。

2．消除方法

（1）调换菱角及校正菱角架前后位置，一般在袜针过方梭板左角 2 mm 处开始被左菱角拦下。

（2）校正方梭板高低位置，一般以针头高出方梭板上平面 3.6～4 mm 为准。

（3）缩短导纱器，使喂纱点移到方梭板的左边角上。

（4）调换菱角，一般菱角角度为 48°左右；凹势长为 6 mm 左右，深为 0.6 mm 左右。

（5）校正菱角压针面，使其里低外高，上下一致。

（6）调换袜针。

（7）校正上下松动，一般控制在 0.10 mm，并拧紧松动的螺钉。

（8）校正起针位置与下钢圈凹势位置。

三、拉断

在成圈过程中，由于线弧受到的张力超过其纱线的强力，这时线弧的断裂称为拉断。

1．产生原因

（1）左菱角压针角度过小或凹势过小。

（2）左菱角下尖角呈圆弧状，会造成弯纱成圈时纱线回退余量减小。

（3）导纱孔眼有毛刺或起槽。

（4）进线张力过大或捻度过高。

（5）沉降片片颚有毛刺或弯曲、歪斜。

2．消除方法

（1）调换菱角，一般菱角角度为 48°；凹势长为 6 mm 左右，深为 0.6 mm 左右。

（2）菱角下尖角只能容纳一只针踵位置，并能使其顺利通过。

（3）砂光或调换导纱器。

（4）适当减小纱线的张力或调换纱线。

（5）调换沉降片。

四、顶断

袜针成圈后，由于沉降片牵拉滞后或牵拉不足，使袜针上升时其针头顶住旧线圈而造成纱线断裂，称为顶断。

1. 产生原因

（1）左、右沉降片三角最近角装得过远，或中沉降片三角的左右凹势过浅，造成片喉未能超过针背。

（2）沉降片罩三角位置过前或过后。

（3）左、右沉降片三角后部的曲面磨损过多，或中沉降片三角凸头过高，使旧线圈牵拉失去控制。

（4）里沉降座槽过深或有毛刺，里沉降座外圆磨损过多。

（5）织物密度过松或针头不光滑，同时纱线在导纱过程中缺油，使旧线圈不能顺利滑向针背。

（6）起针镶板没有塞足，会造成起针位置的变动。

2. 消除方法

（1）一般以片喉超过针背 0.2 mm 左右为准。

（2）调节沉降罩左右调节螺钉，一般从菱角下尖角起，针踵沿着左镶板上升至 3 ~ 4 片沉降片之间，三角正好将沉降片推足。

（3）校正和砂光左、右沉降片三角，磨正中沉降片三角凸头。

（4）调换或砂光里沉降座。

（5）校正密度，调换袜针，适量加油。

（6）塞足起针镶板，以无异响为准。

五、胀断

袜针沿起针镶板上升，使针钩内的线圈移到针杆较粗的位置，由于线圈长度小或纱线延伸小而造成的线圈断裂称为胀断。

1. 产生原因

（1）左、右沉降片三角后部的曲面太直，或中沉降片三角凸头过小或沉降片簧过紧。

（2）针头不光滑或针舌转动不灵活。

（3）纱支数选用与袜机级数配合不好。

（4）织物密度过紧。

2. 消除方法

（1）磨正左、右沉降片三角曲面，调换中沉降片三角，放松沉降片簧。

（2）调换袜针。

（3）合理选用纱支数。

（4）校正密度。

六、缝合圈轧碎（俗称缝头眼子轧碎）

袜头编织结束，开始编织缝合圈时，由于机件配合不良，使个别缝合圈线弧被拉断，这种疵点称为缝合圈轧碎。

1. 产生原因

（1）编织袜头时密度过紧。

（2）缝合圈线圈过大。

2. 消除方法

（1）调整密度。

（2）适当调紧缝合圈线圈密度。

其他产生原因及消除方法参看前面"拉断"的内容。

第2节　罗纹后编织平针时的疵点

→ 1. 了解罗纹后编织平针时疵点的含义

→ 2. 熟悉罗纹后编织平针时疵点的产生原因

→ 3. 掌握罗纹后编织平针时疵点的消除方法

一、罗纹口虚环及轧碎

当罗纹口合好后，由于喂线过早，造成针钩内余线过长，在部分袜针上形成不规则的虚环，称为罗纹口虚环。这段虚环在第二转成圈时容易被拉断，这一部位的破洞称为罗纹口轧碎。

1. 产生原因

（1）导纱器进入工作过早。

（2）撑条在上、下梳板槽内不灵活或前后松动过大。

（3）大滚筒过快或阻力板阻力过小。

（4）压线钢皮及压脚压得过紧。

（5）合罗纹拆线不清或线头放得不好。

（6）菱角进入不规则。

2. 消除方法

（1）一般控制在短踵（袜面针）末7枚针左右导纱器进入工作。

（2）校正撑条，上下要灵活，前后松动小于1 mm。

（3）校正大滚筒快慢，适当增大阻力板阻力。

（4）校正压线钢皮及压脚的压力。

（5）拆线要清爽，线头要在3针以内。

（6）一般在短踵末处进一级，在长踵处再进一级。

其他产生原因及消除方法可参阅本章第1节的内容。

二、罗纹口漏针及豁口

当罗纹合好后，开始喂纱时，由于成圈机件配合不当，使第一只长踵袜针没有及时

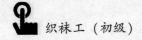

钩到纱线而造成漏针，严重时就形成豁口，这种织疵称为罗纹口漏针及豁口。

1. 产生原因

（1）导纱器孔眼的下平面与导纱器座的上平面间距过大。

（2）导纱器两边及导纱器轴芯有毛刺，造成导纱器进入工作时不稳或不及时。

（3）导纱器拉簧钩歪斜，拉簧直径过大及拉簧过松。

（4）剪刀底板过高。

（5）压线钢皮过松或不平。

（6）导纱器退出工作时，纱线没有及时甩进压线钢皮和压脚，使进纱处于无张力状态。

（7）帽子盖位置偏高。

（8）左菱角压针过快（收针快）。

（9）里沉降座的针槽磨损过大或外圆直径过小。

（10）导纱器撑条过长。

（11）筒子簧过松或末端短踵袜针处针头进出不齐。

（12）阻压板阻力过小。

2. 消除方法

（1）一般间距应为 0.8 mm。

（2）砂光毛刺，使导纱器上下灵活。

（3）校正拉簧钩，调换及收紧拉簧。

（4）适当放低剪刀底板。

（5）调紧或平整压线钢皮。

（6）校正甩线位置，使纱线能甩进压线钢皮和压脚。

（7）放低帽子盖，使袜针针头高出导纱器座的上平面 3.6~4 mm。

（8）校正菱角位置，使针头过导纱器座左边 2 mm 处开始压针。

（9）调换里沉降座，使针钩距离方梭板 0.6~0.8 mm。

（10）校正撑条长短，使导纱器进入工作时撑条头端距离导纱器 0.5 mm。

（11）收紧筒子簧或使针头进出整齐。

（12）适当增大阻力板阻力。

三、罗纹口花针（吊针）

当罗纹合好后，在第一转成圈时，由于某些成圈机件配合不当，使部分袜针上的老线圈没有退圈，针钩内同时存在两根线弧，在第二转中脱圈，这种疵点称为罗纹口花针。

1. 产生原因

（1）里沉降座槽口有毛刺或片槽太深。

（2）罗纹合好后牵拉力不足，会造成罗纹线圈未能全部进入沉降片的片喉。

（3）罗纹口套眼横列的线圈太大。

（4）左沉降片三角装得过出或牵拉过慢。

（5）针筒抬得过高，会造成退圈时针舌与沉降片之间距离减小。

（6）个别袜针针头有毛刺，针舌不灵活，以及沉降片片颚有毛刺或进出不灵活。

2．消除方法

（1）砂光里沉降座槽口有毛刺，片槽深度一般以片颚高于片槽上平面 0.4 mm 左右为准。

（2）适当增大牵拉力。

（3）根据工艺要求，适当减小套眼横列线圈。

（4）当沉降片被推足时，片喉超过针背 0.2 mm。

（5）一般针舌高于片尖上平面 3 mm 以上。

（6）调换袜针或沉降片。

第3节　撞针

→ 1. 了解撞针的含义
→ 2. 熟悉撞针的产生原因
→ 3. 掌握撞针的消除方法

在袜子编织过程中，由于某些机件的磨损或机件间相对尺寸配合不好，造成袜针、提花片、底脚片及沉降片与机件撞击的现象，称为撞针。

一、在编织袜筒时撞断袜针针踵

1．产生原因

（1）右菱角背部过高，同时有过深的磨痕，使织针在走针时容易撞在中菱角的右尖角上。

（2）左菱角压针角度过大，凹势过深或硬度不够，有过深的磨痕。

（3）中菱角右尖角过低、下尖角过高或左菱角右尖角过低，在变换密度时容易撞针踵。

（4）中菱角后片右斜面压针角过大或磨痕过深。

（5）同走针有关的各镶板接缝处高低不平，或作用面有过深的磨痕。

（6）筒子筋断裂、松动或弯曲，针筒针槽过宽、过紧或缺油，都会引起走针阻力增大而撞针。

（7）由于提花片走针不稳，使袜针与超针刀尖角相撞。

（8）袜头跟边三角的下尖角过高或磨损过度，使针踵与超针刀尖角相撞。

（9）超针刀角度过大，有过深磨痕或作用面里低外高。

（10）超针刀及拦针刀作用面的位置过高、过低，或上下、左右有松动，使参加绣花的袜针与其刀口相撞，或与中菱角的右尖角相撞。

（11）超针刀进出动作发生在需要超针的区域内。

（12）选针机构安装不良，影响选针刀正确选针，造成提花片的走针不稳，使袜针与超针刀尖角相撞。

（13）筒子压板内圆过小、过大，造成针杆被轧住或筒子簧被嵌入。

2．消除方法

（1）磨正或砂光右菱角背部。

（2）菱角一般采用48°左右。

（3）磨正或调换中菱角或左菱角。

（4）校正中菱角右斜面角度及砂光磨痕。

（5）磨正接缝处，砂光磨痕。

（6）调换筒子筋或针筒。

（7）装正吊线三角进出位置，检查作用面与提花片踵是否配合恰当，或者调换提花片。

（8）调换袜头跟边三角。

（9）磨正斜面角度，一般为30°左右，使作用面里高外低，砂光磨痕。

（10）根据安装要求，校正高低、左右位置。

（11）校正在不超针的区域内变换动作。

（12）根据选针机构的安装要求，调整选针刀头高低位置、进出动程和调刀位置。

（13）校正或调换筒子压板。

二、在编织袜头跟时撞断长踵袜针

1．产生原因

（1）左、右挑针导板有松动，安装位置偏高或偏左、偏右。

（2）挑针拉板过长、过短，或左、右挑针柱头不灵活，造成少挑针，在揿针时撞断或别断长踵袜针。

（3）袜头跟三角（羊角）起针角度过大，作用面有过深磨痕；拉簧过松，上下动作过慢或退出一级动程过大。

（4）针筒针槽过紧或过松，生锈、缺油或筒子筋松动。

（5）大滚筒过快，阻压板过松或编织工序错乱。

（6）绣花圆盘在编织袜跟时，若上下动作太慢，会撞断长踵前部；若下来得太快，会撞断长踵后部。

2．消除方法

（1）紧固导板，适当调低导板位置，挑针时使挑针头不碰长踵，同时被挑起的短踵应高于中菱角的左右尖角0.8 mm左右；根据挑针头安装位置的要求校正导板位置。

（2）检查挑针柱头，使其转动灵活；袜跟结束最后一次，挑上长踵袜针时，挑针头端与针踵外圆还有0.4 mm间隙，校正挑针拉板的长短。

（3）收紧拉簧，使袜头跟三角上下灵活，起针角度一般为35°左右，作用面应光滑；当退出一级时其内圆以不接触短踵为准，间距为0.2 mm左右。

（4）排松针槽，擦净锈迹，适量加油或调换筒子筋。

（5）校正大滚筒快慢，适当增大阻压板阻力。

（6）校正绣花圆盘快慢，一般在短踵中间上下动作。

三、在编织袜头跟时撞断短踵袜针

1. 产生原因

（1）左、右挑针导板装得过低或挑针柱上下松动过多，会造成挑起的针踵高度不够，针踵撞在中菱角左、右尖角上。

（2）左、右挑针头过短或凹口过窄，会造成挑起的针踵高度不够。

（3）左、右挑针导板松动或导板斜面角度过大，造成针踵阻力增大。

（4）中菱角架螺钉松动。

（5）揿针头过短或凹口过窄，会产生针踵揿得不够低或揿到一半滑掉等现象。

（6）因揿针簧过松或插销与垫圈轧住等原因，造成揿针头工作不灵活，使袜头跟结束时没有及时揿完短踵袜针而被袜头跟三角轧断。

（7）左、右揿针导板螺钉松动或作用斜面过大，有过深磨痕。

（8）揿针头上平面的两边没有倒角，或上平面两边碰着有脚菱角凹口的左右斜面。

（9）针筒角尺齿轮搭错或扇形齿轮与往复 30 齿齿轮搭齿不符合要求，造成在往复时短踵前后走不上左右镶板最高点，而撞到左菱角的左尖角或右菱角的右尖角。

（10）袜头跟三角（羊角）在超针时退出一级不足，使短踵针被超高而撞到中菱角的左尖角上。

（11）揿针头磨损成刀口形或与针踵接触产生毛刺，在揿针时将针踵拉出针槽。

（12）揿针头揿到最后两针时被袜头跟三角轧住。

（13）在编织过程中工序错乱。

2. 消除方法

（1）校正左、右导板高低和挑针柱上下松动程度，同时保证其转动灵活。

（2）校正挑针头长短，一般与针筒外圆相距 0.4 mm，挑针头凹口宽一般为一只针踵厚加 0.2 mm 左右。

（3）拧紧松动的螺钉，导板斜面角度一般在 45°以内。

（4）拧紧松动的螺钉。

（5）揿针头长短一般距针筒外圆 0.3 mm，以不碰针筒为准，凹口宽以能揿到两只针踵再加 0.2 mm 左右为准。

（6）收紧或调换揿针簧，调换开口销，校正开口销与垫圈，使其上下转动灵活。

（7）拧紧松动的螺钉，砂光磨痕，磨正或调换导板。

（8）磨正有脚菱角凹口左右斜面及揿针头上平面的两边，校正左、右揿针导板夹角。

（9）装正针筒角尺齿轮，校正扇形齿轮与往复 30 齿齿轮的安装情况。

（10）校正袜头跟三角退出一级位置，一般距离短踵针 0.3 mm。

（11）用三角金刚锉打磨挑针头，打磨后应无毛刺。

（12）校正袜头跟三角快慢，使其抬上时以不轧住撅针头为准。

（13）校正工序。

四、菱角架进出时撞断长踵袜针

1. 产生原因

（1）左菱角角度过大，压针面里高外低或有过深的磨痕。

（2）左、右菱角进出过快或过慢。

（3）左、右菱角架晃动过大，或菱角圆弧与针筒外圆径向配合不当。

（4）左、右菱角架拉簧过松，或进出时不灵活，造成菱角进出不规则。

（5）针筒针槽不直，针槽生锈或槽中个别袜针过紧或过松。

（6）左菱角压针面里低外高，差异过大，在作用面上形成刀口形。

（7）左菱角作用面的硬度和光洁度不够，压针凹势过深。

2. 消除方法

（1）菱角压针面角度一般采用48°左右，磨正压针面使其里低外高，砂光磨痕。

（2）一般左、右菱角在末段的短踵处进一级，在前段的长踵处进足，在末段的长踵处退出一级，到前段短踵处退足。

（3）校正左、右菱角架的晃动，使菱角圆弧与针筒圆弧相同。

（4）收紧拉簧，使其进出灵活。

（5）排正歪斜的针槽，擦净锈迹，并适量加油。

（6）磨正压针作用面，应使其与针踵有2~3 mm接触面。

（7）调换左菱角。

五、底脚片片踵撞断

1. 产生原因

（1）镶板接缝处高低不平或有缝隙。

（2）拦底脚片镶板作用面角度过大或有过深磨痕。

（3）拦底脚片镶板作用面里高外低或硬度不够。

（4）调换底脚片的针门没有装正，有高低不平处。

（5）筒子筋断裂或撞弯，使底脚片上下不灵活。

（6）底脚片超刀硬度不够，有过深磨痕或作用角度过大。

2. 消除方法

（1）磨平镶板接缝高低不平处及镶平缝隙。

（2）磨正斜面角度（一般为43°左右），砂光磨痕。

（3）磨正作用面，一般是里低外高；重新淬火，使其有一定硬度。

（4）装正换底脚片的针门。

（5）调换筒子筋或排正针槽。

（6）砂光磨痕，磨正作用角度，一般为40°左右，底脚片要有一定硬度。

六、提花片片踵及提花片齿撞断

1. 产生原因

（1）针筒针槽过紧或筒子筋撞弯折断，由此造成提花片上下运动时阻力增大。

（2）提花三角作用面有过深磨痕或角度过大。

（3）吊线三角下尖角未倒角，会撞坏或撞弯提花片的下片踵尾部。

（4）拦提花片钢板作用面的角度过大或有过深磨痕，拦提花片的时间过早或过迟。

（5）保险钢圈装得过远，角度过大或磨痕过深。

（6）选针刀头作用面角度过大或有过深磨痕，造成提花片齿与刀头接触时阻力增大。

（7）纵向平针钢板头部两端不倒角，会撞坏提花片下片踵；安装过远会轧坏其上片踵。

（8）撤花钢板或下拉三角没有退足，在编织袜头跟时，有个别提花片会走上吊线三角，在倒车时容易撞断提花片踵。

（9）个别底脚片踵折断，会造成提花片走针不规则，有时会窜出针槽。

（10）撤花钢板位置过后或纵向平针钢板凹口过小，会造成提花片翘出时碰着刀头斜面或凹口处。

（11）个别提花片淬火后硬度不足，容易别断提花针踵。

（12）吊线三角装得过远。

2. 消除方法

（1）校正针槽或调换筒子筋。

（2）砂光磨痕，磨正角度，一般为43°左右。

（3）吊线三角下尖角要倒角。

（4）砂光磨痕，磨正角度，一般在43°以内；当第二枚提花片走上吊线三角上平面时，其相邻的前一枚提花片开始与拦提花片钢板接触。

（5）装正进出位置，磨正角度，一般为28°左右，砂光磨痕。

（6）磨正角度，砂光磨痕或调换选针刀。

（7）两端尖角略倒圆角，纵向平针钢板头距针筒外圆一般为0.10 mm左右。

（8）校正撤花钢板或下拉三角，使其在针筒往复时不接触提花片。

（9）调换底脚片。

（10）校正撤花钢板位置，磨深纵向平针钢板凹口处，使提花片翘出时不碰刀头斜面或凹口处。

（11）调换提花片。

（12）根据要求调正。

七、沉降片片踵撞断

1. 产生原因

（1）沉降片座三角的接头处不平齐或有间隙。

（2）左、右沉降片三角作用面有过深磨痕，会造成沉降片片踵阻力增大。

（3）沉降片中三角作用斜面角度过大或有过深磨痕，会造成片踵走针阻力增大。

（4）沉降片三角座走针槽过浅或油眼过大。

（5）里外沉降片座片槽未装正，使沉降片进出不灵活或过紧。

（6）沉降片座片槽断裂或歪斜有毛刺。

（7）沉降片中三角背部过宽，造成沉降片拉出过多。

（8）夹底打松钢皮角度过大，装得过进或有过深磨痕。

2. 消除方法

（1）调换沉降片三角，使接头处平齐且无空隙。

（2）磨平或砂光沉降片三角作用面。

（3）磨正或砂光作用斜面。

（4）车深沉降片三角走针槽或调换沉降片三角座。

（5）装正里外沉降片座片槽，使其保持灵活。

（6）校正片槽歪斜，砂光或调换。

（7）校正沉降片中三角宽窄，一般片尖距针钩 0.4 ~ 0.8 mm。

（8）磨正或砂光作用面。

第 4 节　袜身疵点

➡ 1. 了解袜身疵点的含义

➡ 2. 熟悉袜身疵点的产生原因

➡ 3. 掌握袜身疵点的消除方法

一、纵向条纹（又称稀紧路）

在编织过程中，由于成圈机件磨损或配合不良，在袜子正面有部分线圈纵行宽于或窄于正常纵行，宽者称稀路，窄者称紧路，总称为袜子的纵向条纹或稀紧路。

1. 产生原因

（1）袜针有长短，针钩有大小，针舌有歪斜，针杆有粗细，针踵有宽窄。

（2）针筒长弹子长短不一。

（3）袜针针头不齐，袜针在针槽内松紧不匀。筒子簧太松会造成针踵走针不稳，影响线圈大小。

（4）沉降片本身有厚薄、片颚有高低或歪斜、片喉有深浅、片踵有宽窄、片簧槽磨损过多等都会造成沉降弧大小不等。

（5）里沉降片座插针槽歪斜、有深浅，或上平面有磨痕。

（6）里沉降片座片槽和针筒槽内有飞花、线毛或其他积物。

（7）里沉降片座和外沉降片座左右误差过大或高低装得不平，使沉降片进出不灵活。

（8）针筒针槽等分不匀或有深浅。

（9）针筒针槽缺油或针杆生锈，造成针踵走针时不灵活或阻力不均匀。

（10）左起针镶板未装正。

（11）外沉降片座压板与袜针杆摩擦。

（12）沉降片簧过松或接头不良，使沉降片进出不稳，形成沉降弧大小不匀。

2．消除方法

（1）调换袜针，磨损过多的旧针与新针必须分开使用。

（2）校正弹子长短或调换，长短差异一般控制在 0.03 mm 以内。

（3）排齐针头，拨正理直，擦洗针槽，使袜针在针槽内松紧均匀，调换筒子簧。

（4）调换沉降片，同时新旧沉降片最好分开使用。

（5）排齐歪斜，校正深浅，砂平里沉降片座上平面。

（6）擦净花衣毛和积物。

（7）校正里、外沉降片座的高低或左右误差。

（8）调换针筒。

（9）擦净锈迹，适量加油。

（10）装正左起针镶板。

（11）装正外沉降片座压板，使其与针杆不发生摩擦。

（12）调换沉降片簧。

二、织物密度不匀

在编织过程中，由于某些对密度有关的机件相互配合不当，而产生织物上密度松紧不匀现象，影响袜子的长短。

1．产生原因

（1）针筒内圆与套筒角尺齿轮及键的配合过紧，造成针筒上下不灵活。

（2）针筒针槽过窄或针槽缺油，使袜针底脚片及提花片在针槽内上下阻力增大，从而影响针筒上下滑动。

（3）袜筒弯脚压沉降片罩螺钉有松动，或调节螺钉顶端距沉降片罩上平面空隙过多，而造成针筒上下滑动不准。

（4）袜筒安装不正，稀密架抬袜筒方铁螺钉有松动。

（5）张力垫圈平面不平，或筒子大小及筒子卷绕张力不匀等，造成进线张力不匀。

（6）左起针镶板过低，造成针踵与其他镶板上平面接触过多，从而影响针筒的及时下降。

（7）揿花钢板揿得过紧或过早，影响针筒的及时下降。

（8）稀密架横向松动过大，或稀密弹子磨损不规则，有歪斜等现象。

（9）密度三角不平，表面有毛刺，或有轻微凹凸不平现象。

（10）沉降片三角座横向松动过大，会造成沉降片走针不稳或进出不齐，从而导致稀密不匀。

（11）针筒外圆与上座盘镶板和袜头跟三角相擦，或针筒内五根拉簧过松。

（12）温度、湿度控制不当（化纤原料比较明显）。

（13）原料的捻度或条干不匀造成织物松紧不匀。

（14）袜机车速时快时慢。

（15）夹底沉降片三角（打松装置）向外过远。

2. 消除方法

（1）校正针筒与套筒及键的配合，擦净锈迹并适量加油，使针筒上下滑动灵活。

（2）调换针筒或排松针槽，擦净锈迹，适量加油。

（3）拧紧松动的螺钉，校正压沉降片罩的调节螺钉，使其上下松动为 0.10 mm 左右，并保证沉降片三角座横向回转灵活。

（4）拧紧松动的螺钉，装正袜筒，使袜针在针筒槽内上下灵活。

（5）磨平垫圈平面，按筒子大小及时调整密度。

（6）放高左起针镶板或磨低其他镶板上平面。

（7）校正撬花钢板松紧和动作位置，一般当密度镶条变换好后，撬花钢板起作用。

（8）校正横向松动和歪斜现象，磨正弹子作用面。

（9）调换大滚筒或镶条，锉平螺钉。

（10）校正或调换沉降片三角座。

（11）对开盘镶板内圆不能有单面轻重，一般针筒与镶板间隙为 0.2 mm，并收紧针筒拉簧。

（12）一般化纤织造车间温度控制在 20℃ 左右，相对湿度为 70% ~ 80% 比较适宜。

（13）调换原料。

（14）使袜机速度均匀。

（15）校正沉降片三角位置。

三、织物上线圈大小不匀

在编织过程中，由于成圈机件配合不良，在织物上出现部分线圈大小不匀的现象。

1. 产生原因

（1）左起针镶板未装正，或起针面角度与左菱角左斜面配合不好。

（2）左沉降片三角角度过大或磨痕过深，造成沉降片走针不稳。

（3）左菱角压针面凹势过深或有严重磨痕，造成走针不稳。

（4）左沉降片三角最进角与中沉降片三角凹势之间的走针槽过宽，造成沉降片进出不等。

（5）外沉降片座槽过深，同时沉降片三角厚薄不一，造成沉降片走针不稳。

（6）沉降片三角座走针槽过浅，造成沉降片被拦进时不稳。

（7）进纱张力波动。

2．消除方法

（1）根据安装要求装正。

（2）磨正或砂光沉降片三角。

（3）校正左菱角凹势或砂光磨痕。

（4）根据安装要求校正。

（5）调换外沉降片座，校正沉降片三角厚度。

（6）车深沉降片三角座走针槽或调换沉降片三角座。

（7）稳定进纱张力。

四、袜子正反面起毛

在编织过程中，由于袜针、沉降片或其他机件擦伤纱线，使织物的正反面出现起毛现象。

1．产生原因

（1）袜针针舌歪斜或针杆有毛刺。

（2）沉降片的片颚、片尖、片喉有毛刺。

（3）里沉降片座槽过深或槽口上平面有毛刺。

（4）套在针筒内的铜喇叭接头处有裂缝或毛刺。

（5）袜筒方铁螺钉、袜筒弯脚螺钉及针筒键螺钉过长或扁钢圈套筒角尺齿轮内圆有毛刺。

（6）左菱角压针角过小且无凹势或压针过慢（收针慢）。

（7）剪刀盘螺钉头露出，剪刀盘安装过低或其外圆边有毛刺。

（8）定型圈过低或其头端下平面有毛刺。

（9）导纱器座位置偏低或导纱器过长，导纱孔起槽、有毛刺。

2．消除方法

（1）调换坏袜针。

（2）调换有毛刺的沉降片。

（3）砂光里沉降片座毛刺处或调换里沉降片座。

（4）砂光、焊牢喇叭接缝处，使内圆光滑。

（5）锉短螺钉，砂光所有毛刺处。

（6）左菱角压针角一般采用48°左右，磨正凹势或校正收针快慢。

（7）剪刀盘上平面一般与方梭板上平面平齐或略低点，砂光毛刺处，锉平螺钉头。

（8）砂光定型圈毛刺处，校正定型圈高低位置。

（9）调换导纱器，砂光有毛刺处，并校正导纱器座高低位置。

第5节 袜头跟疵点

→ 1. 了解袜头跟疵点的含义
→ 2. 熟悉袜头跟疵点的产生原因
→ 3. 掌握袜头跟疵点的消除方法

一、袜头跟密度不匀

在编织袜头跟时，由于成圈机件磨损不一或相互差异过大，而导致袜头跟织物一转松、一转紧，使袜头跟密度松紧不匀，这种织疵又称头跟松紧花。

1. 产生原因

（1）左、右菱角下尖角高低不等或压针角大小不一。

（2）左、右菱角或菱角架有松动。

（3）左、右沉降片三角进出不等或快慢不同。

（4）左、右起针镶板与左、右菱角配合间隙过大。

（5）沉降片三角座横向松动过大，或外沉降片座的外圆磨损过多，使沉降片走针不稳。

（6）袜跟挑线弹簧弹性不好或进线张力不匀。

（7）套筒角尺齿轮与底圈配合过松，或针筒与套筒角尺齿轮配合过松，袜机在倒顺转时使针筒产生摇晃。

（8）沉降片中三角左右凹势的深浅相差过大。

2. 消除方法

（1）校正左、右菱角下尖角，使其高低相等，压针角大小相同。

（2）拧紧各松动的螺钉，按菱角架安装要求校正。

（3）根据安装要求校正左、右沉降片三角，使其进出、快慢一致。

（4）推足左、右起针镶板，保持袜针针踵正好通过。

（5）校正沉降片三角座横向松动或调换。

（6）校正弹簧和进线张力。

（7）检查松动原因，调换磨损的零件，将松动控制在 0.1 mm 以内。

（8）校正中三角的左右凹势。

二、袜头跟歪角

在编织袜头跟时，两边的挑针数不等或撇针数不一致造成袜头跟两边的提针线长短不一或有圆形小洞，这种织疵称为袜头跟歪角。

1. 产生原因

（1）长、短踵袜针插得有多有少或提针处针踵歪斜。

（2）左、右挑针头凹口过宽或过窄。

（3）左、右挑针导板安装得过左、过右或过高，以及挑针导板凹口过大。

（4）挑针拉板过长或两端长槽磨损过多。

（5）左、右挑针柱头转动不灵活。

（6）撅针架和左、右撅针导板或挑针架和左、右挑针导板的螺钉松动。

（7）撅针头凹口过宽或过窄。

（8）撅针芯子弯钢销装得不正或螺钉松动。

（9）撅针头上下不灵活。

（10）有脚菱角下平面左右、高低不平或凹口太浅（太深）。

（11）左、右菱角背磨痕过深，或右挑针控制装置作用过慢（过快）。

（12）大滚筒阻力不够。

2．消除方法

（1）插正袜针，排齐针踵或调换所插长、短踵针，使其针数相同。

（2）适当磨窄或调换，凹口宽窄一般根据一支针踵厚再加 0.2 mm 左右。

（3）根据安装要求校正，调换挑针导板，使挑针在凹口时横向略有松动。

（4）当长踵针挑起后，针踵与挑针头还有 0.4 mm 空隙。

（5）砂光毛刺处，擦清飞花、线毛，适量加油，调整挑头簧，使挑针柱头转动灵活。

（6）拧紧各松动的螺钉。

（7）磨正撅针凹口宽窄，标准是能撅到两支针踵再加 0.2 mm 左右。

（8）装正撅针弯钢销，在作用时通过它将撅针头压低一级，使针踵不碰到撅针头。

（9）调换或收紧撅针簧，检查垫圈及开口销安装情况。

（10）根据安装要求调整。

（11）砂光磨痕，右挑针控制装置一般在短踵末段处进入或退出工作。

（12）适当增大压板阻力。

三、提针线轧毛

在编头跟时，由于机件配合不当或工艺不当，使提针处的线圈轧毛，生产上又称辫子轧毛。

1．产生原因

（1）左、右起针镶板与左、右菱角配合间隙过大。

（2）进线张力过大，原料含单体量过高或纱线因捻度高而发硬。

（3）有脚菱角下平面偏低或中菱角背部偏高。

（4）头跟密度过紧或倒顺转时密度差异过大。

（5）参加头跟编织的夹底导纱器后退不足。

2．消除方法

（1）推足左、右起针镶板，使袜针针踵正好通过。

（2）适当放松张力，对纱线进行软化处理。

（3）一般使两者高低差为一支针踵的宽度。

（4）调整头跟密度。

（5）在编织头跟时向后退足。

四、提针线孔眼（俗称包针眼）

在编织袜头跟时，由于成圈机件配合不良，在袜机倒顺转的最后一针出现老线圈重套，使此针在下转被挑起时针杆上只有一个线圈。这样在提针线上就形成圆形的孔眼，这种织疵称为提针线孔眼，俗称包针眼。

1. 产生原因

（1）进线张力过大或纱线捻度偏高。

（2）左、右沉降片三角调节过快或过慢。

（3）中沉降片三角的两边凹势过浅，沉降片座罩横向松动过大。

（4）里沉降片座外圆直径过小或磨损过多。

（5）袜头跟密度过紧、过松，或针舌上下不灵活。

2. 消除方法

（1）适当放松张力或调换纱线。

（2）根据安装要求进行调整左、右沉降片三角。

（3）根据安装要求进行调整中沉降片三角。

（4）调换里沉降片座。

（5）调整密度或调换袜针。

第6节　漏针

→ 1. 了解漏针的含义

→ 2. 熟悉漏针的产生原因

→ 3. 掌握漏针的消除方法

在编织过程中由于成圈机件相对位置配合不良，使部分或个别袜针钩不到纱线，在织物上形成纵行间线圈脱散，称为漏针。

1. 产生原因

（1）个别袜针针头不齐，或针在针槽内松动过大。

（2）导纱器座位置偏低或离针头距离过远。

（3）导纱器过高、过短，上下不灵活或横向松动过大。

（4）中菱角位置偏左或左菱角位置偏右（收针快）。

（5）套筒角尺齿轮与底座配合过松。

（6）车速过快。

（7）纱线捻度过高并缺少润滑。

（8）导纱器抬上过快或下降过慢。

（9）成圈闸刀退出过快，或下拉三角退出过慢。

（10）左右活动镶板过高，或作用面磨痕过深。

（11）成圈闸刀收针过快。

（12）在编织提花组织时，藏针的针头露出沉降片片颚。

（13）成圈闸刀与下钢圈凹口配合不当。

2. 消除方法

（1）调换袜针或排齐针头。

（2）针头高出导纱器座的上平面 3.6~4 mm，针尖距导纱器座 0.6~0.8 mm。

（3）调换或校正导纱器，使其无横向松动，上下灵活。

（4）根据安装要求校正菱角位置。

（5）调换底座，将横向松动控制在 0.1 mm 左右。

（6）适当调整车速。

（7）调换纱线或加润滑油。

（8）校正导纱器上下的快慢。

（9）根据袜机安装要求进行调整。

（10）砂光磨痕，校正活动镶板高低，一般其上平面距对开盘上平面为 30 mm。

（11）成圈三角闸刀收针与方棱板垫纱位置一致。

（12）以藏针针头平沉降片片颚为准。

（13）以针舌闭合或开启时不碰下钢圈为准。

第7节 豁袜头

→ 1. 了解豁袜头的含义

→ 2. 熟悉豁袜头的产生原因

→ 3. 掌握豁袜头的消除方法

在倒顺转编织袜头跟时，由于某些机件有毛刺或互相配合不当，导致余线回退不足或影响垫纱位置，使针钩没有钩取进线，造成袜头跟的并列的漏针，称为豁袜头。

1. 产生原因

（1）沉降片片尖有毛刺、弯曲、歪斜或折断。

（2）沉降片中三角背部磨损过多，同时沉降片三角座横向松动过大。

（3）头跟进线张力过小及导纱孔有毛刺、槽口或位置过低。

（4）下钢圈及导纱器座的作用面有毛刺，接缝不良或有过深磨痕。

（5）导纱孔磁眼碎裂及张力垫圈位置不正。

（6）挑头钢丝转动不灵活或拉簧拉力过小、过大。

（7）控制挑头钢丝的长撑条上下不灵活，或上抬过慢、下降过快。

（8）长撑条上的弯钢丝（控制挑头钢丝）位置装得不准，造成挑头钢丝作用时动程不够。

（9）活络钢圈（或活络梭门）有毛刺，同时穿线板孔位置过远。

（10）剪刀底板边缘有毛刺或安装过低。

（11）"半藏针"的位置过高，使线弧脱出针舌。

（12）左、右菱角及左、右活动镶板退出不足一级。

2．消除方法

（1）调换沉降片。

（2）调换沉降片中三角及沉降片三角座或外沉降座。

（3）适当增加进线张力并砂光导纱器孔，调整导纱孔下平面，使其距导纱器座上平面约 0.8 mm。

（4）砂光毛刺或磨痕处。

（5）调换磁圈，校正张力垫圈位置。

（6）装正挑头钢丝，使其转动灵活，调整拉簧拉力。

（7）校正长撑条，使其上下灵活，并使撑条在编织袜跟的中间针处上抬或下降。

（8）装正弯钢丝，使挑头钢丝上下摆动在 45°以上。

（9）砂光毛刺，校正穿线板位置。

（10）砂光毛刺，适量提高剪刀底板，使剪刀底板上平面平于或略低于导纱器座上平面。

（11）根据安装要求检查左、右菱角及左、右起针镶板高低位置。

（12）其内侧面距短踵 0.20 mm。

第8节 削针头和坏针舌

→ 1. 了解削针头和坏针舌的含义

→ 2. 熟悉削针头和坏针舌的产生原因

→ 3. 掌握削针头和坏针舌的消除方法

一、削针头

由于成圈机件的作用面磨痕过深或走针运动方向的变化，在正常运转的条件下针头断裂，俗称削针头。

1．产生原因

（1）菱角作用面磨痕过深，压针面角度过大或凹势过深。

（2）部分沉降片或袜针头端歪斜。

（3）吊线圆盘或挡线板安装过低。

（4）导纱器座与针钩间距过小。

（5）针槽过宽、筒子筋松动或筒子簧过松。

（6）左沉降片三角作用面磨痕过深。

（7）里、外沉降片座片槽过宽，或里沉降片座装得歪斜，使沉降片片颚倾斜与针钩相碰。

（8）进线张力过紧，或纱线太硬、太粗、有结头及纱块。

2．消除方法

（1）砂光磨痕处，压针角一般为48°左右，凹势最深处为0.6 mm。

（2）调换沉降片或袜针。

（3）根据安装要求调整。

（4）一般间距为0.6~0.8 mm。

（5）调换筒子及筒子筋，收紧筒子簧。

（6）磨光或砂光左沉降片三角作用面磨痕。

（7）调换里、外沉降片座，或装正里沉降片座。

（8）适当放松进线张力，使纱线柔软，根据袜机级数选用纱线。

二、坏针舌

在运转过程中，由于成圈机件的作用面磨痕过深，或走针运动方向的变化，引起针舌发毛、歪斜和断裂，称为坏针舌。

1．产生原因

（1）下钢圈下平面过低或硬度不够，引起内圆边有过深磨痕。

（2）下钢圈的螺钉过长或过短，或其圆心与针筒圆心偏斜。

（3）导纱器座与下钢圈接缝处不良，或与针钩间距过大。

（4）针筒槽或沉降片槽过宽。

（5）菱角或沉降片三角的作用面磨痕过深。

（6）上、下钢圈接缝不良，或在起针镶板处下钢圈的缺口位置配合不良。

（7）提花袜机的直梭子过大或与针钩过近，或直梭子的导槽过深。

2．消除方法

（1）适当打磨方棱板，保证无毛刺和凹凸现象。

（2）校正螺钉长短，装正帽子盖与针筒，确保其同心，或校正针筒晃动。

（3）接缝处应平齐、光滑，与针钩间距为0.6~0.8 mm。

（4）调换针筒或沉降片座。

（5）砂光磨痕处。

（6）接缝处不能有缝隙。

（7）直梭子距针钩为0.4 mm，导槽深一般为1.5~2 mm。

第9节　夹底闪色疵点

→ 1. 了解夹底闪色疵点的含义
→ 2. 熟悉夹底闪色疵点的产生原因
→ 3. 掌握夹底闪色疵点的消除方法

一、夹底不齐和跳线

在编织夹底部段时，由于添纱机件配合不良或添纱张力过松，使夹底位置不固定或在夹底区域中部分针钩钩不到添纱，前者为夹底不齐，后者为夹底跳线。

1. 产生原因

（1）夹底中菱角前后片的右压针面分针分得不开。

（2）夹底剪刀放得太快或压线钢片太松。

（3）添纱导纱器位置过高、过低或过短。

（4）添纱导纱器拉簧过松或添纱张力过小。

（5）袜针针头不齐或针头过小，会造成针钩钩不到添纱。

（6）剪刀底板上压脚在压针时过慢、释放时过快。

（7）针筒晃动过大。

2. 消除方法

（1）调换夹底中菱角，使分针分得开，一般相距4 mm左右。

（2）校正夹底剪刀快慢，一般当左菱角垫纱成圈2～3针时放掉；校正压线钢片压力。

（3）添纱导纱器上下时以不碰到针钩为准。

（4）适当增大拉簧拉力和添纱张力。

（5）排齐袜针针头或调换袜针。

（6）剪线时，先压后剪；放线时，袜针先钩住线后再放。

（7）调换角尺齿轮，底圈松动控制在0.1 mm之内。

二、夹底密度过紧

在编织夹底部段时，由于夹底打松部分机件配合不良，使夹底织物密度比袜面紧。

1. 产生原因

（1）夹底打松装置没起作用。

（2）夹底打松沉降片三角作用斜面磨损过多。

（3）沉降片拦进动作过慢。

（4）夹底添纱张力过大或纱线太硬、捻度大。

2. 消除方法

（1）校正夹底打松装置。

（2）调换打松沉降片三角。

（3）校正沉降罩上的左右调节螺钉。

（4）更换柔软的纱线，适当减小张力。

三、闪色露底

在编织添纱组织时，由于成圈机件配合不良，使地纱与添纱相对位置不稳定，在织物上形成不规则的露底现象，称为闪色露底或夹底反花。

1. 产生原因

（1）左菱角角度过小或位置偏左（即收针慢）。

（2）个别袜针针头进出不齐，或针舌和针尖歪斜。

（3）添纱（面纱）纱支和捻度偏高，纱线硬或单体含量过高。

（4）方梭板圆弧与针钩距离过近。

（5）进纱张力不匀、波动过大，或面纱与地纱张力差异过大。

（6）面纱和地纱的垫纱位置分得不开。

（7）夹底中菱角前后片的右压针面分针分得不开。

（8）中沉降片三角背部磨损过多或沉降片三角作用过快。

2. 消除方法

（1）菱角一般采用48°左右，收针快慢根据安装要求校正。

（2）排齐针头或调换袜针。

（3）合理选用添纱。

（4）方梭板圆弧与针钩距离为0.6~0.8 mm。

（5）砂光毛刺处，装正穿线架和纱筒，面纱张力应适当比地纱张力大。

（6）根据安装要求校正面纱和地纱导纱器的左右和前后位置。

（7）调换夹底中菱角，使针能分得开，一般距离为4 mm左右。

（8）根据安装要求校正。

第 10 节　编织横条织物时的疵点

→ 1. 了解编织横条织物时疵点的含义

→ 2. 熟悉编织横条织物时疵点的产生原因

→ 3. 掌握编织横条织物时疵点的消除方法

一、横条调线不齐及调线位置偏歪

在编织横条织物时，由于调线机件磨损或相互配合不当，使导纱器在交替进入工作时有快有慢，造成调线处位置不齐，或调线位置偏左、偏右，前者称为调线不齐，后者称为调线位置偏歪。

1. 产生原因

（1）导纱器上下不灵活，拉簧直径过大或导纱器抬得过高。

（2）撑条上下不灵活，其头端未对准导纱器或撑条过长。

（3）剪刀底板位置过高或中菱角下尖角位置过低。

（4）压线钢皮不平整或压线钢皮压力不足。

（5）压线弯脚与剪刀动作配合不好，或压线弯脚放得过早。

（6）调线架回转不灵活，或调线铁板头端与撑条缺口接触不良。

（7）调线滚筒阻力过小，调线镶条安装不平整，有歪斜或过快、过慢。

（8）调线凸轮位置过快、过慢，或凸轮螺钉有松动。

（9）调线滚筒位置过快、过慢，或套筒角尺齿轮位置偏歪。

2. 消除方法

（1）要求导纱器上下灵活并调换拉簧，在编织横条时高低位置以能将线头甩进压线钢皮即可。

（2）校正撑条位置，使其上下灵活，撑条上下对准导纱器中心，适当缩短撑条。

（3）剪刀底板上平面一般与方梭板上平面相平，中菱角应根据安装要求校正。

（4）校正压线钢皮，使纱线能压得住、拉得出。

（5）一般是先压住纱后剪断，脱放时间是在针钩钩住纱后再释放。

（6）根据安装要求调整。

（7）以能转动但稍有阻力为宜，调线镶条安装要求平直，快慢根据安装要求调整。

（8）校正凸轮位置，拧紧松动的螺钉。

（9）调线滚筒位置设置规定：一般当拉钩拉足时，调线架钢板头停在调线镶板中间；套筒角尺齿轮位置应根据安装要求调整。

二、横条花纹错乱

在编织横条织物时，由于反链条架、反高节链条及与其有关的机件磨损过多或相互配合不良，使横条花纹受到破坏，这种织疵称为横条花纹错乱。

1. 产生原因

（1）反高节链条的前、中、后高低不一，或位置不正确。

（2）反链条架和停滚筒方钢不灵活，或停滚筒螺钉长短不一。

（3）调线滚筒阻力过小，或拉钩拉簧过松，横向松动过大。

（4）拉钩与停滚筒方钢的高低和前后位置不对。

（5）链条盘阻力过小或整串链条过松、过紧。

（6）牵手架回转不灵活，或其转子与凸轮作用面配合不良。

（7）袜跟停调线滚筒镶条快慢不对，或头跟停滚筒架不灵活。

2. 消除方法

（1）根据安装要求校正高低和位置。

（2）校正机件，使其回转灵活，换长短一致的螺钉。

（3）适当增大阻力，收紧拉簧，校正横向松动。

（4）方钢的上平面应高出拉牙盘棘牙顶面 2～2.5 mm，当拉钩拉足时，方钢应停留在停滚筒螺钉中间。

（5）适当增大阻力，调节重锤架位置，使链条松紧适当。

（6）根据安装要求调整。

（7）校正机件，使其灵活，当袜跟开始时拉钩上抬，袜跟结束时拉钩下落。

第11节 缺花及多花

→ 1. 了解缺花及多花的含义

→ 2. 熟悉缺花及多花的产生原因

→ 3. 掌握缺花及多花的消除方法

在编织绣花织物时，由于机件的磨损或相对位置配合不良，使花型的完全组织出现残缺或多余的花，前者称为缺花或逃花，后者称为多花。产生这种疵点的原因很多，一般可以按织疵情况来判定。如织疵产生在纵条上，一般可检查针筒、提花片、袜针、底脚片或沉降片；如产生在一个横列上，可检查选针机构；如分散性的织疵就要从各方面去检查。

1. 产生原因

（1）个别针槽过深（过浅）、过宽（过窄），或筒子筋有松动和弯曲现象。

（2）提花片规格不一，弯势过大（过小）及弯势点上下位置不当。

（3）花齿被轧去后有残齿，或齿根部不齐、有毛刺。

（4）提花片踵部及齿损坏或磨损过多。

（5）纵向平针钢板高度不够，或作用面磨痕过深。

（6）底脚片平针镶板尺寸过小或磨损过多。

（7）吊线三角安装位置过远，其作用面磨损过多或里低外高。

（8）揿花钢板未揿足或下拉三角未拉足，以及进出动作位置过前、过后。

（9）保险连接结钢圈凹口处有过深磨痕。

（10）超针刀上平面过低或磨损过多，以及退出一级位置不足。

（11）拦针刀作用过快。

（12）外馒头齿轮松动过大，拉滚筒镶条高低不一，或拉滚筒的调节螺钉有松动。

（13）选针滚筒的阻力过小，或选针滚筒上齿的高低不一。

（14）选针刀片不平整，刀头、刀脚磨损过大或刀片孔与轴芯配合过松。

（15）选针刀刀脚与选针滚筒的齿高低不齐，间距过大或过快、过慢。

（16）调选针刀片的位置偏前、偏后。

（17）无脚刀在编织袜筒时未拉足，使无脚刀仍会碰到袜底无花齿。

（18）选针刀刀头装得过近，或与提花片齿没有对齐。

（19）大小铜架（刀片架）上下间隙不等。

（20）绣花圆盘上下位置偏高，左右位置偏左或导纱眼位置偏前、偏后。

（21）绣花导纱器架晃动过大，或其轴芯与键的横向松动过大。

（22）吊线跳线架横向松动过大，或挑头拉簧过松。

（23）吊线张力波动较大。

（24）绣花导纱器架在升降时早上升或迟下降。

（25）绣花导纱器长短不一，导纱管穿线孔有毛刺，或导纱器在其座架的槽中转动不灵活。

（26）导纱架上下位置过高、过低。

（27）挡线板上下松动过大，前后、高低位置不一，或安装位置偏高。

（28）挡线板有毛刺或安装得过进（过出）。

（29）绣花导纱器三角过高（过低）或过长（过短）。

（30）绣花导纱器三角上下有松动，或导纱器下降面过长。

（31）定型圈上平面过高、过低。

（32）定型圈或剪刀底板下平面有毛刺。

（33）两组花纹在横列上间距过小，或超针刀与拦针刀相距过远。

2. 消除方法

（1）调换筒子或筒子筋。

（2）调换提花片，弯势一般为30°左右，并根据使用的刀片数来定弯势点上下位置。

（3）锉平残齿，砂光毛刺处。

（4）调换提花片。

（5）调换纵向平针钢板，使提花片超高 0.4~0.5 mm，并砂光作用面。

（6）调换底脚片平针镶板。

（7）根据安装要求校正，砂光磨痕，作用面应为里高外低。

（8）袜跟开始时在袜底中间退足，袜跟结束时在袜底中间进足。

（9）砂光磨痕。

（10）一般超针刀厚约 9 mm，退出一级时其内圆距短踵约 0.2 mm。

（11）以花型最宽处的针能钩取吊线为准。

（12）外馒头齿轮松动控制在 0.2 mm 左右，统一镶条高低，并拧紧各松动的螺钉。

（13）适当增大阻力，校正齿的高低或锉平残齿。

（14）调换刀片或轴芯。

（15）刀脚对准齿的中间，必须满足选针刀刀头的进出动程，前后位置以选针片齿停在刀脚中间或刀脚前后不碰选针片齿为准。

（16）校正在袜底中间或前后没有花纹的地方。

（17）校正无脚刀的进出位置。

（18）进出位置规定：当刀头打足时，提花片还有 0.1 mm 的松动，高低与提花片齿中间对准。

（19）校正大小铜架上下间隙。

（20）上下位置规定：圆盘下平面距针头 0.4 mm。左右位置规定：圆盘垫圈距针背 0.4~0.8 mm。前后位置规定：在一定垫纱范围内，使最大针数的花型都能钩到吊线为准。

（21）校正晃动量，使其小于 0.5 mm，轴芯与键的横向松动小于 0.1 mm。

（22）校正横向松动，适当收紧拉簧，并使其上下灵活。

（23）砂光导纱孔，平整张力垫圈，使张力均匀。

（24）一般以在袜底中间进行上下动作为准。

（25）调整导纱器长短，砂光毛刺处，校正导纱器与槽的配合，收紧拉簧，使其转动灵活。

（26）当导纱管向上翘时，导纱管孔的下平面距挡线板平面为 0.5 mm。

（27）校正上下松动，确保前后、高低位置一致，上下位置以不碰到绣花袜针针头为准。

（28）砂光毛刺处，进出位置应使针头距挡线板小钢皮有 0.4 mm 左右。

（29）根据安装要求校正。

（30）校正上下松动，下降面长为 3~4 mm。

（31）校正上平面高低，使吊线不能垫在针舌尖下面为准。

（32）砂光毛刺处。

（33）在同一绣花区内，两组花纹在横列上应大于 4 针间隔；超针刀与拦针刀间距应与花纹最大针数相配合。

本章思考题

1. 袜子有哪些质量问题？
2. 是什么原因造成以上质量问题？
3. 如何消除以上故障？

第5章

缝头

目前国内常见的织袜设备织出的袜子袜头均为开口，必须经过缝袜头的工序。缝头有两种常见方式，一种是机器缝头，另一种是手工对目缝头。袜子缝头的质量直接影响袜子的外观和内在质量，影响袜子的等级，因此，掌握袜子缝头的工艺是袜子生产中的一个重要环节。

本章对缝头机的功能进行了介绍，讲解了机器缝头的操作流程；从先决条件、缝线张力、设备的完好性、缝头工艺、手工对目缝头的操作要领及操作方法等方面讲解了手工对目缝头。

第1节 机器缝头

→ 1. 了解直式缝头机
→ 2. 熟悉直式缝头机的功能
→ 3. 掌握直式缝头机的操作流程

一、直式缝头机功能简介

如图5—1所示的高速直式缝头机可无级调速，转速最高可达3 900 r/min，产量可达800双/h。其具备的设备功能如下：

（1）具有自动润滑机头装置，使用寿命更长；工作时噪声低，创造了良好的工作环境。

（2）具有自动剪线装置，可有效控制对袜子缝合线的剪切，使其长短均匀、统一。

（3）具有可翻转进料装置，清纱方便；内置自动升降装置，使袜子输送更加平整。

（4）具有进料光纤感应延时功能，可根据不同的速度来设定延时长短，有效地控制了在缝制时对缝合线的浪费。

（5）双道机头缝制，使袜子更加牢固、平整。

（6）采用点触式触摸屏计算机控制系统，使操作更便捷。

（7）具有单独式控制电动机系统，可通过计算机任意调节缝制时的密度和速度，更有效地控制在缝制时对袜身的拉长或缩短现象。

（8）可更换齿轮来调节对袜子缝制的密度。

（9）第二道机头设有自动升降功能，可使袜子掉角现象得到补偿，从而增加袜子的平整

图5—1 高速直式缝头机

度，提高袜子缝制的质量要求。

二、机器缝头的工序

缝头工的操作水平与熟练程度对车间的生产极为重要，因此必须提高缝头工的操作水平与熟练程度，特别是新缝头工。在培训新缝头工时，操作的姿势、手势、用眼姿势必须正确。缝头线需经过组长和质检人员确认后方可使用，缝头线标准长度为 1 ~ 1.5 cm，不允许过长和过短。本工序次袜率控制在规定范围内。本工序要求缝头工做到以下几点：

（1）系好围裙，戴好工作帽、厂牌，提前 10 min 进入车间。

（2）开始打扫机台卫生，检查设备状况，询问要下班的人员有无异常运转情况；如有异常应及时请机修人员维修。

（3）上机前检查原料是否正确，不同颜色的产品应按照规定及时更换缝头线。

（4）正式开机后，应首先调节"钢笔针"，使链条厚薄适当，同时调节机台缝头线，使其松紧适宜。

（5）在生产过程中，应经常检查缝头线的松紧程度，如有异常应及时调整，以有效控制不合格产品的产生。缝头合格条件如下：

1）两角对称。

2）三根线均匀，使其直拉时不散线。

3）单排氨纶允许露出 4 ~ 6 针或双排氨纶允许露出 3 ~ 4 针。

（6）在缝头过程中每打的第一只袜子要做翻口标记。

（7）机器如有故障，应及时停机请机修人员维修，确保其正常运转。

（8）生产中发现的坏针必须放在指定的位置，不得乱放，应及时交给机修人员。

（9）缝色纱袜时在小票上应注明缝头员工的姓名。

（10）人离开前，须先关掉设备电源开关。

（11）下班前，将当班做好的正品归类整理，填好产量单。正品 12 双为一打，捆好后放入规定位置，其中不得多双或少双；整理次品袜，适当进行修补；将合格品与不合格品及时交给值班人员。

第 2 节　手工对目缝头

➡ 1. 了解袜头的工艺标准

➡ 2. 熟悉手工对目缝头机

➡ 3. 掌握手工对目缝头的操作要领及方法

在一般圆袜机上编织的袜坯，袜头呈开口状，必须经过缝袜头工序进行缝合。目前袜头缝合有多种方法，但我国仍普遍采用双线弹性缝合法，即由手工将需要缝合的袜头线圈一个个顺次地套到缝头机的刺针上进行缝合。袜头缝合的质量直接影响袜子的外观和内在质量，影响袜子的入库一等品率。因此，抓好缝头质量是整个袜子生产中的重要环节。针对袜子缝头存在拆线不清、套高低不齐、漏针、绷花纹等质量问题，对袜子缝头质量的影响因素做一番探讨，从技术和管理上提高袜子缝头质量，是我们织袜行业的重要任务。

影响袜子缝头质量的因素较多，主要是袜头工艺和缝头工艺、设备的完好、缝线张力的稳定和操作。

一、袜头质量是保证缝头质量的关键（先决条件）

袜头工艺包括袜头用料、握持横列（机头线）用料、袜头横拉和缝头套眼（套口横列），都影响缝头质量。缝头工在将袜坯缝头套眼套到缝头机缝刺盘上时，通常要对袜坯做轻微的横拉，以便对缝眼。如果袜底与袜面线圈松紧不匀、缝头套眼大小不匀、袜头过松或偏紧，既不利于袜头横拉，影响缝头操作，又容易产生漏针、跳针。握持横列（机头线）用料过粗，袜头横列受影响，缝头线圈不易对准长齿；过细则袜头卷绕，捏不住握持横列，影响操作。而抽紧握持横列则影响缝头套高低。根据长期生产经验，为了确保缝头质量，明确规定缝头套眼和握持横列质量标准是：缝头套眼圆整无大小差别，且与袜头子眼均匀一致；袜头辫子角清晰无歪角；调整握持横列，使之位于袜底一面中间，并不许抽紧。握持横列应松紧适宜，适合捏手缝合和拆线。不同口径和针数的袜头工艺标准见表5—1。

表5—1 袜头工艺标准

针数（枚）	口径（in）	袜头用料	袜头横拉值（cm）	握持横列用料
280	3.5	30旦/2 弹锦丝×2	11～12	42英支/2 棉线×1
		20旦锦长丝×4	11～12	60英支/2 棉线+20旦锦长丝
260	3.5	70旦/2×1	10～11	42英支/2+20旦
		70旦×2	10.5～11.5	42英支/2+20旦
		30旦×3	10～11	60英支/2+30旦
240	3.5	30旦/2×2	10～11	42英支/2×1
		70旦×2	9～10	42英支/2+20旦
		30旦×3	8.5～9.5	60英支/2+30旦
220	3.5	30旦/2×2	10～11	42英支/2×1
	3.25	120旦×1	8～9	42英支/2×1
200	3.5	70旦/2×1	10～11	42英支/2×1
	3	120旦×1	8～9	42英支/2×1
176	3.75	70旦/2×2	11～12	42英支/2×2
160	3.5	70旦/2×2	10～11	42英支/2×2
152	3.25	70旦/2×1	9.5～10.5	42英支/2×2
144	3	70旦/2×1	8.5～9.5	42英支/2×2
82	3.75	100旦/2×1	8～9	42英支/2×2

二、缝线张力

在双线弹性缝成缝过程中，小针向里运动，针头穿入刺针凹槽，并穿过套在刺针上的袜面线圈和袜头线圈，再和大针线圈相互穿套，从而将袜面和袜头线圈连接起来成为缝迹。可见，小线和大线的张力大小直接影响袜头缝迹的外观和弹性。在袜头缝合过程中，必须使小线张力和大线张力相平衡。一般情况下，进线张力是小线略紧于大线。但如果小线张力过大，袜子的缝迹会凸出来，形成高花纹；如大线张力大于小线张力，袜子的缝迹会倒向一边，形成反花纹。出现上述现象时，只要把缝迹稍用力一拉，缝迹就会断线而形成绷花纹。经对各类袜子缝头时的缝线张力进行测试，摸索出了一套大线和小线张力波动的最佳范围，并规定了相应的缝线用料、缝迹横拉值和机上袜子间距（见表5—2）。

表5—2 　　　　　　　　　　大线和小线张力波动的最佳范围

针数（枚）	袜子类别	缝线用料		缝线张力范围（g）		缝迹横拉值（cm）	机上袜子间距（针）
		大线	小线	大线	小线		
176	70旦/2×2					10±1	10~15
160	锦弹丝	70旦/2×1	70旦/2×1	5.2~5.7	5.5~6		10~15
200	男女袜					20±1	15~20
240	70旦×1		50旦/2×1			18.5±1	20~25
260	90旦×1	50旦/2×1		5~5.5	5.2~5.7		20~25
280	锦长丝男女袜		（或60旦）			19.5±1	25~30
84	70旦/2锦、70旦/2丙毛巾男女袜	100旦/2×1	100旦/2×1	5~5.3	5.2~5.5	18±1	8~13
94						19±1	
164	41英支/2腈、50旦/2锦交织袜	100旦/2×1	100旦/2×1	5~5.5	5.2~5.7	19±1	10~15
168							
82	70旦/2×2锦弹丝童袜	100旦/2×1	100旦/2×1	5~5.3	5.2~5.5	16±2	8~13

测试缝线张力，应使用SPY12型单丝张力仪；缝迹横拉值应不低于成品袜筒横拉下公差，锦纶少孔丝袜缝迹横拉值需增加1 cm。

三、设备的完好性

在缝头机（见图5—2）的维修保养中，刺盘和钢皮针的完好与否对于缝头质量是至关重要的。

图 5—2　手工对目缝头机

　　刺盘由于磨损和松动，而改变了其原来的位置，将直接产生漏针、跳针、断针等残疵。如果刺盘较低，在缝袜时小针被袜子朝下吊，使小针空隙缩小，大针进针时就穿不着小针的弦线，引起漏针、跳针，进而可能吊断小针。而刺盘较高，则小针要刺断大针的弦线，同时小针有被刺盘撞断的可能。刺盘松动又将撞断小针。可见，刺盘的工作位置正确与否与缝头质量关系极大。刺盘调节办法和标准是：旋松针盘下的大方头螺栓，旋松梅花螺母，使刺盘上下升降，标准小针与刺盘刺槽之间的空隙，一般以约为一根线的距离为标准。

　　钢皮针的作用是协助大针与小针形成缝迹，控制缝迹的高低位置，并使缝迹具有整齐的外形。钢皮针架子的凸头太高或太低，均将引起漏针。凸头与刺盘距离也不能太近、太高或太低，否则大针断线。校正标准是它们的空隙比袜子厚度略松一些为宜。钢皮针装得过远、过后，使小针弦线（空隙）缩短，大针在进针时穿不着小针弦线，引起后而跳针。而钢皮针装得太高则容易翻花纹。生产实践表明，钢皮针紧靠在小针上时须有空隙，这样可使锁缝后的袜子缝迹平整并紧贴在钢皮针的下面。大针装在钢皮针的上面，当小针的针眼在钢皮针下面时，大针的针眼就必须离钢皮针后边约 0.8 mm（1/32 in）的距离，即小针到钢皮针的时间，较大针晚。

四、缝头工艺

　　缝头必须严格按照工艺生产。袜坯在缝合前，必须根据袜子规格选择一定机号的缝头机。如配合不当，会影响成缝质量和操作速度。根据缝头理论和生产经验，缝头机机号应是袜机机号的 1.2 倍。

五、手工对目缝头操作要领

　　缝头工除根据缝头工艺的上机要求选择缝头机机号、缝线支数、套袜间距和缝迹横拉外，还必须严格掌握一套科学的操作规程。某厂对缝头操作能手的操作技术进行了总结和推广，对提高缝头质量非常有效。现介绍该厂这套操作方法，仅供同行参考。

缝头头辫（上手）操作法要领是：拿袜动作稳又快，袜左角水平方向靠近套齿时应在三角眼下面2~3针处。在三角眼上一针对准齿盘后，左手掀针，右手拇指保持水平向后滑移1/4左右的距离。当起角完成后，左拇指从左向右，经过右角，然后由左食指帮助将握持横列捻出，撑角必须超过三角眼3~4针。掀针时，右手无名指轻轻夹住袜子，右手食指的第二个关节碰触齿的下发，帮助对正子眼。

缝头外辫（下手）操作法要领是：右手食指将右三角子眼轻轻拔出，拔向齿顶端，以子眼不离齿为原则。把左三角眼的子眼从头辫轻轻拉下（脱离齿），并作为外皮的第一针，即对应针头辫的第一针。在连续捻掀时，右手拇指与食指沿着握持横列摩擦捻动，把握持横列捻向套齿上方，使缝头子眼对准套齿。左手拇指与食指把右手捻出的握持横列捏住，同时继续将握持横列捻足挺直，对准子眼后掀入套齿。当连续捻掀3/4以后，右手将末角握持横列捻足，拇指与中指在三角眼下2 cm左右处捏住袜子，食指紧贴下套齿顶端，贴住三角眼帮助抹角。

缝好两只袜后，左右手分别在离袜角1 cm左右处摘握持横列，要求摘三根，然后右手将握持横列向套齿里边的右上方拉足，左手配合掀拉，同时拿住握持横列。拉清锦纶握持横列后，在距末角1.5~2 cm处剪断，做到拆线清。

六、手工对目缝头操作方法

1. 上手

（1）配色。上手（或下手）根据袜子颜色配相符的缝头线，按工艺单规定的缝头线为准，下手（或上手）配合（见图5—3）。

（2）起角。上手找准袜子起角，起角在大眼位置的同一行上（见图5—4）。

图5—3 配色

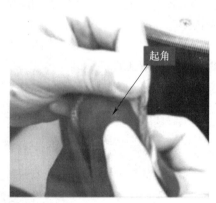

起角

图5—4 起角

（3）上机。左手端平扶正，使袜尖线圈与机器的针次相符，右手大拇指向前平滑（见图5—5）。

（4）操作。按一条直线将袜尖线圈逐一挂到缝盘针上，上手看车，不允许有漏针、漏线（见图5—6）。

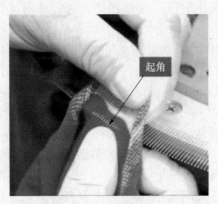

图 5—5 上机

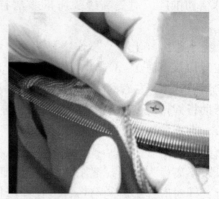

图 5—6 操作

（5）收角。找到收角，挂到收角处后 3 ~ 5 针（见图 5—7）。

图 5—7 收角

（6）距离。相邻两只袜子收角与起角距离为 3.5 cm ± 0.5 cm（即缝盘上相邻两钉的距离）。

（7）检查。上手负责检查质量，包括花纹、松紧度、漏针等。发现质量问题及时找保全工解决（见图 5—8）。

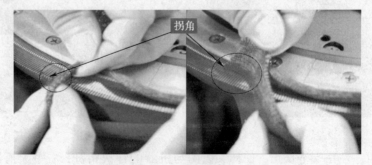

图 5—8 检查

2．下手

（1）拐角。将上手起角处多挂的 3 ~ 5 针转至下手直线中（以大眼为准，对折拐角），完成拐角（见图5—9）。

（2）操作。拐角后，与上手同样按一条直线挂袜子（见图5—10）。

图5—9 拐角

图5—10 操作

（3）收角。挂到收角处，将上手多挂的3～5针转至下手直线中，完成收角（见图5—11）。

（4）拆线。双手配合拆除余线。右手拆，左手缠，余线绕至左手三根手指上（见图5—12）。

图5—11 收角

图5—12 拆线

（5）剪线。拆完三针线，保留余线1.5～2 cm，右手剪断机头线，左手抽线（见图5—13）。

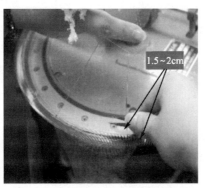

图5—13 剪线

七、棉袜手工对目缝头质量评定标准

棉袜手工对目缝头质量评定标准对照见表5—3。

表5—3 棉袜手工对目缝头质量评定标准对照

序号	疵点名称	疵点简述	一等品
1	打折	两针以上重叠	任何部位打折影响外观不允许
2	歪角	没在袜子大眼处拐角	2针以上不允许
3	单丝	一根线缝合，是破非破	不允许
4	漏针	缝线没有套到针刺上，造成针脚脱落	不允许
5	缝线颜色	缝线与袜身颜色不相近	直观明显不允许
6	缝头线拆不清	缝合后余线没有拆清	不允许
7	缝线长短	缝线没有按规定剪线	要求 1.5～2 cm
8	缝头补线	漏针修补	不影响外观允许
9	缝头线用错	缝合线没有按正面颜色线为准	不允许
10	缝线头太紧	缝合线过紧（拉不开或拉断）	不允许（缝头线松紧度与袜身横拉相同）
11	修补痕	修补后出现痕迹	修补痕不超过三针
12	油袜、脏袜		不允许

本章思考题

手工对目缝头的操作要领是什么？

第6章

袜子后整理

从原料进厂到袜子成品需经许多道工序，本书在前面已经介绍，顺次经过各道工序时必须按照操作流程及标准进行操作，整个流程即为袜子生产工艺流程。经过织造和缝头之后，根据生产产品工艺单的要求，需要对袜子进行一系列的加工、整理，即袜子后整理。

袜子后整理分为柔软整理、抗静电整理、放紫外线功能整理、抗菌除臭整理、阻燃整理及袜子印花工艺等部分，本章分别对以上几种整理方式进行讲解。

第1节 柔软整理

→ 1. 了解什么是袜子的柔软整理
→ 2. 熟悉常用柔软剂品的种类
→ 3. 掌握常用柔软剂品的作用

棉和其他天然纤维都含有脂蜡类物质，化学纤维上施加有油剂，因此都具有柔软感。但袜子经过练漂及印染加工后，纤维上的蜡质、油剂等被不同程度地去除，手感变得粗糙僵硬，故常须进行柔软整理。

袜子的柔软整理是在织物上施加柔软剂，降低纤维之间、纱线之间以及织物与人手之间的摩擦系数，从而获得柔软平滑的手感。

目前使用的柔软剂品种繁多，但主要有四大类。

第一类是最简单的一类柔软剂：石蜡、油脂等的乳化物。石蜡、油脂及乳化剂等物质沉积在织物表面形成润滑层，使织物具有柔软感，但它们均不耐洗。这类柔软剂常用于针织内衣类织物的柔软处理，使织物手感滑腻丰满，缝纫时针头温度不会太高。

第二类是表面活性剂，又可分为阴离子型、阳离子型、非离子型和两性型。其中，阳离子型柔软剂是目前纺织产品加工中应用较为广泛的一类柔软剂，主要是季铵化合物、取代胺化合物及胺类的衍生物，但这类柔软剂品种不多，常用的有柔软剂 HC、柔软剂 IS、防水剂 PF 等。此类柔软剂与纤维素纤维、聚酰胺纤维、聚酯胺纤维、聚酯纤维、聚丙烯腈纤维及蛋白质纤维都有较高的亲和力，柔软效果好，并且耐高温和耐洗涤，对合成纤维织物还具有一定的抗静电作用；缺点是不能与分子结构大的阴离子物质同浴使用。

第三类为反应性柔软剂，它们的分子结构中具有较长的疏水性脂肪链和反应性基团，能和纤维上的羟基和氨基等形成共价键结合，不但耐洗涤，而且还有拒水效果。这类柔软剂中，应用最为广泛的是柔软剂 VS，但因其有致癌性已被禁用。其他如柔软剂 MS－20、柔软剂 ES、防水剂 RC 等也属于此类。大多数反应性柔软剂在整理时要经一定温度的焙烘，才能与纤维素纤维上的羟基反应，获得耐久性柔软效果。

第四类有机硅柔软剂是一类应用广泛、性能好、效果最突出的纺织品柔软剂，在当前发挥着越来越重要的作用。

有机硅柔软剂可分为非活性、活性和改性型有机硅等几类。非活性有机硅柔软剂主要为二甲基硅油，属第一代产品。它自身不能交联，也不和纤维发生反应，因此不耐洗，且手感、弹性均不理想。活性有机硅柔软剂主要为羟基或含氨硅氧烷，属第二代产品。它能和纤维发生交联反应，在纤维表面形成薄膜，增加弹性，具有一定的耐洗涤效果，但存在易飘油、不耐剪切、手感有油腻状等缺点。改性型有机硅柔软剂是新一代有机硅柔软剂，包括氨基、环氧基、聚醚和羟基改性等。其中以氨基改性有机硅柔软剂为最多，它可以改善硅氧烷在纤维上的定向排列，大大改善织物的柔软性，手感具有丰满、蓬松、柔软、滑糯的综合效果，因此也称为超级柔软剂。它不但可以应用于棉袜子，也能用于麻、丝、毛等天然纤维袜子以及涤纶、腈纶、锦纶、氨纶等化纤及其混纺袜子。但氨基改性有机硅柔软剂也存在不足，如袜子经其整理后亲水性下降、抗污性不够、高温时易黄变，袜子重染时，剥除硅油困难等。如何保持氨基硅油的优点，再赋予经氨基硅油整理后的产品具有亲水、抗静电、抗高温黄变的特点，是氨基改性有机硅柔软剂的改进方向。目前，市场上已有亲水性氨基硅油、低黄变氨基硅油、超柔软氨基硅油、超平滑氨基硅油问世。

袜子柔软整理可单独进行，也可与增白、树脂整理等同浴完成。袜子的柔软整理一般在边浆、滚筒或成衣染色机内进行。工艺流程如下。

增白或染色后洗净织物—脱水—浸渍柔软剂液（室温，5~15 min）—出袜—脱水—烘干。

第2节 抗静电整理

→ 1. 了解什么是抗静电整理
→ 2. 熟悉纤维带电序列
→ 3. 掌握抗静电的整理方法

一、纤维带电序列（见图6—1）

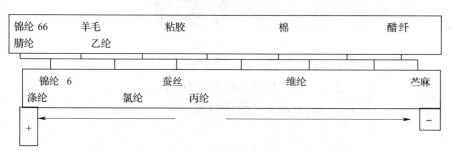

图6—1 纤维带电序列

带电序列以棉纤维为分界线，棉纤维左向带正电荷，右向带负电荷。

二、抗静电整理方法

（1）表面亲水化，即亲水性整理。

（2）表面离子化，即施加离子性整理剂。

（3）表面良导体化，即表面金属化等。

第3节 防紫外线功能整理

→ 1. 了解防紫外线整理的作用

→ 2. 熟悉紫外线波长范围

→ 3. 掌握国内区分纺织品防紫外线效果的标准

一、紫外线波长范围

近紫外线：波长 320～400 nm，UV–A。

远紫外线：波长 280～320 nm，UV–B。

超短紫外线：波长 200～280 nm，UV–C。

要求有效地屏蔽 UV–A 和 UV–B 中波长短的部分。

二、国内区分纺织品防紫外线效果的标准

A 级：紫外线屏蔽率在 90% 以上。

B 级：紫外线屏蔽率在 80% 以上。

C 级：紫外线屏蔽率在 50% 以上。

（1）增强对紫外线的吸收。通过对紫外线较强的、选择性的吸收作用，降低紫外光的透射，起到防紫外线的作用。

（2）增强对紫外线的反射。

第4节 抗菌除臭整理

→ 1. 了解袜子抗菌防臭的机理

→ 2. 熟悉抗菌剂及其应用性能

→ 3. 掌握抗菌除臭的方法

袜子抗菌卫生整理就是利用对人体安全的抗菌整理剂，通过物理或化学方法施加于

袜子上，使袜子抗菌、抑菌、防霉、防臭、保持清洁卫生的加工工艺。因此，抗菌整理也可称为抗菌防臭整理或抗菌卫生整理。

一、袜子抗菌卫生整理的目的

袜子抗菌卫生整理的目的是使袜子在穿用过程中，能够抑制以汗和污物为营养源的微生物繁殖，同时防止由此释放的气味、防止传染疾病、减少公共环境的交叉感染，防止袜子被微生物侵蚀降低使用价值。使袜子获得安全、卫生、保健的新功能。

二、袜子抗菌防臭机理

1. 抗菌机理

抗菌机理是利用整理剂对微生物的直接作用或控制释放活性基因，破坏微生物细胞的正常生理过程，使其细胞死亡或不能继续繁殖，达到抗菌、抑菌、防霉、防臭和清洁卫生的功效。不同抗菌剂对细菌的作用不同，一般有以下几种。

（1）使细菌细胞内的各种代谢酶失活，从而抑制或影响细胞的代谢，达到灭菌的效果。如氧化剂的氧化作用、低浓度的金属盐与蛋白质中的—SH 结合破坏菌体的代谢。

（2）与细菌细胞内的蛋白酶发生化学反应，破坏其机能，使菌体蛋白变性或沉淀，达到灭菌效果。如高浓度的酚类和金属盐及醛类都属于这种杀菌机理。

（3）抑制孢子生长，阻断 DNA 合成，破坏细胞内能量释放体系，从而抑制细菌生长、繁殖。

（4）通过静电场的吸附作用，使细菌细胞破壁或阻断细胞内的蛋白质合成，来抑制细菌繁殖。如阳离子型的抗菌整理剂能吸附于细菌表面，改变细菌膜的通透性，使细胞膜的内容物漏出而起到杀菌作用。

2. 除臭方法和机理

可以用抗菌法抑制细菌繁殖，分解袜子上所产生的臭味。

（1）化学除臭法。将产生恶臭的物质经氧化、还原、分解、中和、加成、缩合以及离子交换等化学反应，使之变成无臭味的物质。如环糊精，分子结构具有疏水性空穴和亲水性外部相结合的特性，类似于包容络合物。通过对氨及硫化氢等的包络作用除臭。此外，类黄酮系列化合物等，可与恶臭物质进行中和与加成反应，使臭味消除。

（2）物理除臭法。利用范德华力使恶臭物质吸附在棕榈壳活性炭、硅胶、沸石等多孔物质上。常用的吸附剂有硅胶、沸石、棕榈壳活性炭、空心炭粒、活性炭纤维素、氧化铝、活性白土等，它们对恶臭物质有着不同的吸附能力和选择性。如活性炭对分子直径大的恶臭物质、合成沸石对分子直径小的恶臭物质有优良的吸附力。类似的生物催化除臭，通过人造酶的作用，分解恶臭组分，常用的是三价铁酞菁衍生物，类似氧化酶，号称人造氧化酶，活性中心是高旋态 Fe^{3+} 被还原成 Fe^{2+}，硫化氢等被氧化分解。Fe^{2+} 可再被 O_2 氧化成 Fe^{3+}，这样再重新与 H_2S 分子发生作用，如此循环，能高效而有选择地分解恶臭物质。

（3）光催化氧化除臭。纳米 TiO_2 和 ZnO 受阳光或紫外线照射时，在水分和空气存在的体系中，能分解出自由电子（e^-）和带正电荷的空穴（h^+），诱发光化学反应。

在空穴表面发生催化作用，使吸附的水氧化，生成氧化能力很强的·OH 和·O^{2-}，它们非常活泼，有很强的氧化、分解能力，能破坏有机物中的 C—C、C—O、C—H、C—N、—N—H 等化学键，起到去污抗菌作用，比常用的氯气、次氯酸等具有更大的效力。但是这种光催化作用也会使纤维氧化，加速其老化，若用有机硅等耐氧化的多孔薄膜将其包裹，就能防止对纤维的氧化。

三、抗菌剂及其应用性能

1. 抗菌剂

理想的抗菌整理剂应具有以下性能。

（1）安全性。抗菌剂能够杀死或抑制细菌的繁殖，但不能对人体细胞有害。因此，抗菌剂的安全性试验非常重要。LD50 一半致死浓度，指被试验的动物死亡一半数量时的最小剂量，是抗菌剂安全性的一个指标。

（2）高效性、广谱性。广谱性，指一种抗菌剂能够对多种细菌有作用；高效性，即用量少能够有明显的抗菌作用。

（3）耐久性。洗涤 20～50 次，仍有抗菌活性。

（4）对染料色光、色牢度、袜子风格无影响。

（5）与常用助剂有良好的配伍性。袜子整理工作液往往含有多种化学物质，配伍性差会使整理液絮凝、沉淀等，影响整理效果或使整理剂失效。

2. 常用抗菌剂及其作用（见图 6—2）

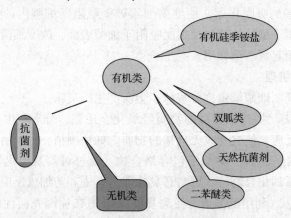

图 6—2　常见抗菌剂的类别

（1）有机硅季铵盐类抗菌剂。有机硅季铵盐类抗菌剂，如 DC—5700、天竺鼠的 LD50 = 12.27 g/kg，对革兰阳性、阴性细菌，霉菌，酵母菌、藻类等 26 种细菌均有很好的抑制作用，适用于纤维素纤维袜子和涤纶、棉纶、腈纶等合纤及混纺袜子的卫生整理。

DC—5700 是一种含反应性官能团的抗菌整理剂，主要成分是 3 -（三甲氧基甲硅烷基）丙基二甲基十八烷基季胺氯化物。

DC—5700 的抗菌机理是：其分子结构中含有作用于细菌的阳离子和长链烷基，构成细菌的细胞壁和细胞膜由磷脂质双分子膜组成，呈负电性。DC—5700 的阳离子，通过静电吸附微生物细胞表面的阴离子部位，束缚了细菌的活动自由度，使细胞内物质漏泄出来，致使微生物呼吸机能停止，从而杀死细菌。DC—5700 的长链烷基能破坏细胞壁，使内容物流出体外，发生"细菌溶解"死亡。

DC—5700 左端的三甲氧基硅烷基具有硅烷活性，在一定条件下能与纤维上的羟基脱醇反应，生成共价键使抗菌剂牢固地结合于纤维表面。

高温条件下三甲氧基水解成硅醇，与棉纤维表面的羟基脱水缩合形成共价键。硅醇基也能自身缩合，形成聚硅氧烷薄膜覆盖于纤维表面。DC—5700 的阳离子与纤维表面的负电荷离子键结合，使整理效果具有很好的耐久性。

（2）无机抗菌剂。银系列无机抗菌剂，具有耐久抗菌的优点。银的抗菌性与其化合价有关，高价银化合物的还原势极高，使其周围的空间产生活性氧，具有杀菌作用；Ag^+ 与细菌接触，能与细菌体内酶蛋白的硫醇基反应，使其失去活性，从而达到灭菌目的。

含阳离子染料可染聚酯袜子：在浴比为 1∶5、硝酸银浓度为 0.002% 的溶液中浸渍处理，于沸腾时搅拌处理 20 min；待冷却后，水洗烘干，使聚酯的可染性基团—SO_3^{2-} 与银离子结合生成银磺酸酯盐而固着。抗菌机理，是利用银离子阻碍电子传导系统，以及与 DNA 反应，破坏细胞内蛋白质构造成产生代谢阻碍。

无机抗菌剂多用于再生纤维素纤维制造与合纤的纺丝中，混入含金属离子的化合物，如生成含铜配位高分子化合物，铜离子破坏微生物的细胞膜，与细胞内酶的硫基结合，使酶活性降低，阻碍代谢机能抑制其成长，产生抗菌防臭性能。

（3）纳米抗菌剂。纳米 TiO_2 的抗菌特点是只需微弱的紫外光照射，例如荧光灯、晴天的日光、灭菌灯等就可激发反应；仅起到催化作用，自身不消耗，理论上可永久性使用，对环境无二次污染；对人体安全无害。如纳米 ZnO 含量为 1%，在 5 min 内杀菌率可高达 90% 以上。纳米抗菌剂的整理方法可分为纺入法和后整理法。

采用纳米载银的方法实现无机抗菌剂和纤维的牢固结合，不仅耐洗，而且抗菌效果突出。将纳米 SiO_2 溶液和 $AgNO_3$ 溶液按一适当比例均匀混合在一起，通过离子交接法使盆腔离子固定在 SiO_2 胶粒的纳米微孔中，从而获得抗菌剂溶液。

整理工艺流程为：浸渍（30 min）—压轧（轧液率 80% ~ 90%）—预烘（90℃，150 s）—焙烘（150℃，90 s）。

纳米超微粒子的锌氧粉（粒径为 0.005 ~ 0.02 μm），除可作熔融纺丝原液的添加剂外，也可加入涂层浆中，使涂层袜子具有紫外线屏蔽功能和抗菌防臭功能。超微细锌氧粉的安全性高，对皮肤也没有刺激性。

（4）植物类天然抗菌剂。从天然桧柏树中提炼植物桧柏油，用其处理的袜子也具有抗菌作用。也有的用艾蒿提取物制成微胶囊，芦荟、甘草、蕺菜等天然植物的提取物，制成"绿色"广谱抗菌整理剂，具有保温、抗菌、防臭、安全、刺激性低等特点。

壳聚糖对大肠杆菌、枯草杆菌、金黄色葡萄球菌和绿脓杆菌均有抑制能力。将 5 μm 以下的壳聚糖微粉，以纤维重的 0.3% ~ 3.0%，均匀地混入强力粘胶纤维纺丝原液纺丝。产品具有耐久抗菌性。

3. 抗菌整理方法

袜子抗菌整理常用浸渍法，可与其他整理或染色同时进行。DC—5700 可采用浸轧法与浸渍法。袜子整理后的增重控制在 0.1% ~ 1%。浸渍法整理工艺为：在 1% ~ 3%（owf）的抗菌剂水溶液中，浸渍 30 min 后脱水、烘干。

将抗菌剂配制成一定浓度的整理液，还可添加其他助剂来浸渍袜子。DC—5700 不需要特殊加热，就能在纤维表面产生缩聚或与纤维结合。

第5节　阻燃整理

→ 1. 了解阻燃整理的原理
→ 2. 熟悉纤维的种类
→ 3. 掌握纤维的性能

一、阻燃整理的原理

（1）通过吸附、沉积、化学键、分子间力及黏合剂等的作用将阻燃剂固着在织物或纱线上，从而获得阻燃效果的加工过程称为阻燃整理。

（2）表面亲水化：亲水性 整理。

（3）赋予表面离子化导电：施加离子性整理剂。

（4）表面良导体化：表面金属化等。

二、常见纤维燃烧性能

常见纤维燃烧性能见表6—1。

表6—1　　　　　常见纤维燃烧性能

纤维名称	燃烧性能	着火点（℃）（延迟10 s）	火焰最高温度（℃）	极限氧指数LOI值（%）
棉	助燃、燃烧快、有引燃	493	860	18.0
粘胶纤维	助燃、燃烧快、无引燃	449	850	19.0
羊毛	难助燃	650	941	24.0
醋酯纤维	助燃、燃烧前熔融	480	960	17.0
锦纶6	难助燃、熔融	504	875	22.0
腈纶	立即燃烧	540	697	18.5
涤纶	难助燃、熔融	575	855	23.5

第6节 袜子印花工艺

培训目标

→ 1. 了解袜子印花的方法
→ 2. 熟悉常见印花原理
→ 3. 掌握袜子印花的流程

一、袜子印花的方法

（1）筛网（即丝网）印花。

（2）滚筒印花。

（3）热转移印花（在袜子上普遍使用）。

二、常见印花设备

1. 新型气动双工位烫画机

新型气动双工位烫画机的外形如图6—3所示。

2. 技术特点

（1）该机采用连体轨道滑动底板，轻便，稳定。

（2）温度时间控制采用数码显示，美观，准确。

（3）该机特采用安全保护装置，防压伤，非常安全及理性化。

（4）发热板加厚，发热管加密，平整，发热均匀；压力可在 $1 \sim 8$ kg/cm^2 之间随意调节。

图6—3　新型气动双工位烫画机

三、热转移印花的原理

热转移印花的原理有点类似于移画印花法。热转移印花时，首先用含有分散类染料和印刷油墨在纸上印制图案，然后把印花纸（也称作转印纸）存储起来，以备纺织品印花厂使用。

分散染料是唯一能升华的染料，在某种意义上是唯一可以进行热转移印花的染料，因此该工艺只能用在对这类染料有亲和力的纤维组成的织物上，包括醋酯纤维、丙烯腈纤维（腈纶）、聚酰胺纤维（锦纶）和聚酯纤维（涤纶）。涤棉混纺织物上因棉纤维不被分散染料着色，得色要比纯涤纶织物浅，块面大的花型还有"雪花"（留白）现象。纯锦纶织物也能转移印花，但得色量较低，湿处理牢度较差。

该工艺相对简单，不需要像滚筒印花或圆网印花生产中所必需的专业知识。织物印花时，经过热转移印花机，将转印纸和未印花面对面贴在一起，在150～210℃（400 k）的条件下通过机器，使转印纸上的染料升华并转移到织物上，完成印花过程（见图6—4）。

图6—4　印花袜

四、热转移印花

热转移印花能用于印制衣片、袜子等，在这种情况下热转移印花纸生产商可根据花样设计者和客户的要求来印制转印纸（现成的图案也可用于转印纸印花）。热转移印花作为一种完全的织物印花方法从印花工艺中脱颖而出，因此，省去了使用庞大而昂贵的烘干机、蒸化机、水洗机和拉幅机。

由于在印花前可以对印花纸进行检验，这样就消除了对花不准和其他病疵。因此热转移印花织物很少出现次品。

五、袜子印花工艺流程

袜子印花工艺流程简述为：设计/提供花型图案—厂家生产印花纸—来料检验—打样确认—封样并制定印花工艺（温度、时间等）—大货生产—检验—包装—出货。

袜子印花作为袜子生产的一种补充，能够丰富袜子的花型款式和色彩。如童袜上的印花，许多在袜机上不能织造的五颜六色的卡通图案通过印花得以实现；许多女装丝袜和现在流行的双层袜裤上通过印花，充分展现出女性的时尚与魅力（见图6—5）。袜子的印花从某种意义上来说是对传统织袜工艺的挑战，更加丰富了人们的生活。

图6—5　女士印花袜裤

本章思考题

1. 柔软剂品有哪些？
2. 抗静电整理办法有哪些？
3. 袜子印花工艺的流程是什么？

第7章

袜子点塑和定型工艺

随着人们生活水平的不断提高，袜子的多种附加功能需求也不断增加，如袜子的防滑、袜子的按摩保健功能等，袜子的点塑和定型工艺由此产生并逐渐形成产业化。

袜子点塑就是在袜子上点塑胶，有防滑的作用，当然在这里主要是起到美观作用。袜子定型的主要目的就是去除袜子编织时的内应力，并且通过一系列操作调整袜子性能：通过缩水加工后袜子尺寸稳定，手感极佳且经再次整烫也不易缩水；同时对袜子进行柔软处理，使袜子的质量到达最佳状态，有一个平整美观的外形，便于下一道工序（即包装）的操作；此外，还起到了染色后的烘干作用。袜子定型是织袜必不可少的一道工序。

第1节 袜子点塑工艺

→ 1. 了解袜子点塑工艺的意义
→ 2. 熟悉袜子点塑方面的基础知识
→ 3. 掌握点塑操作流程

袜子点塑是将 PVC 浆料或硅胶浆料通过刻有花型图案的网板印刷到袜子上，经过高温烘烤成型。整个流程不长，但工艺要求严格，因为一旦发现疵点，很难修复，所以每个环节都不能出错，下面就其重点加以介绍。

一、选料

1. 主料

一般点塑料有 PVC、硅胶等环保料。

（1）硅胶。附着力强，耐水洗，色彩丰富，手感舒适，高环保。

（2）环保 PVC 浆料。不含重金属，不含磷苯二钾酸盐。

2. 助剂

增稠剂、增光粉、热固稀释剂、硅胶稀释剂、降粉剂、硅胶降粒剂、热固降粒剂、柔软剂、耐磨剂。

二、热固油墨

洗水度好，不堵网，柔软度好，手感好。

三、色膏

PVC 色膏：PVC 聚氨酯色膏、水性通用色浆等。

四、点塑操作流程

1. 调料调色

透明 PVC 料中加入 190 白色色浆，再加入 2% 稀释剂，色母 50%。

2．打样调试车速与温度

一般温度为 100~150℃，时间为 90 s，具体根据材料的不同而调整如下：

纯棉：130~150℃。

腈：100~130℃。

涤纶：120~130℃。

毛：130~150℃。

混纺原料以成分中温度较低的为主。

3．确认

样板确认，确定正式工艺。

4．生产大货

根据不同订单选择不同的花型图案，具体如下：

童袜：主要作用是防滑，一般选取卡通图案。

女袜：美观、装饰，一般选取花草等。

男袜：按摩保健功能，根据中医理论，对应穴位的点起到不同的理疗效果。

五、点塑设备

现市场上常用的点塑设备有单色点塑机和双色点塑机（见图 7—1），从外形上看则有圆形或椭圆形的。一般都是利用石英管加热。

图 7—1　单色点塑机

六、点塑的意义

点塑对人们生活的作用不仅仅体现在袜子的防滑和保健方面，还有其他许多方面，如防滑手套、绝缘手套以及其他防护工具上面的防滑套等。

第2节　袜子定型工艺

培训
目标

→ 1．了解袜子定型板的选用

→ 2．熟悉袜子定型后尺寸的测量方法

→ 3．掌握影响定型质量的因素

一、袜子定型后尺寸的测量方法

常规的测量方法一般可以参考下文的图表选择（见图 7—2）。

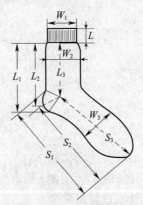

图 7—2 袜子的测量方法

一般有三种测量方法（见表 7—1），具体根据客户订单要求而定，有的客户要求袜子的筒长与底长的测量是混的，如要求测量筒长 L_1 + 底长 S_2 等。表 7—1 的内容仅供参考。

表 7—1   袜子成品测量

成品尺寸	罗口	长	L	L	L
		宽	W_1	W_1	W_1
	筒	长	L_1	L_2	L_3
		宽	W_2	W_2	W_2
	底	长	S_1	S_2	S_3
		宽	W_3	W_3	W_3

二、袜子定型板的选用

袜子定型板一般情况下是根据袜板袜底的尺寸来分类，具体选用的时候要参考实际成品尺寸要求、原料成分及定型气压与时间来综合考虑（见表 7—2、表 7—3）。

表 7—2   棉 + 锦纶弹力丝袜定型板的选用

袜子类别	袜板号	脚底尺寸 S_2/cm
棉 + 锦纶弹力丝袜	15 ~ 16	15
	17 ~ 18	17
	19 ~ 20	19
	21 ~ 22	21
	23 ~ 24	23
	25 ~ 26	25
	27 ~ 28	27

表7—3   棉 + 氨纶包芯丝袜定型板的选用

袜子类别	袜板号	脚底尺寸 S_2/cm
棉 + 氨纶包芯丝袜	12 ~ 14	9
	14 ~ 16	11
	16 ~ 18	13
	18 ~ 20	15
	20 ~ 22	17
	22 ~ 24	19
	24 ~ 26	21
	26 ~ 28	23
	28 ~ 30	25

三、定型工艺及设备

袜品定型的主要目的是为了在一定的温度和压力情况下使袜子充分回缩，去除纱线在编织时的内应力和扭向，使袜子的外观平整、纹路清晰、尺寸稳定，便于包装上市。

从另一个侧面来说，在定型这一工序还有进行质量检验的作用。影响定型效果的因素有型板的规格尺寸、式样、材质，蒸汽的压力、温度，袜子与高湿蒸汽接触的次数、时间，袜子本身所用原料的性能等。

常用的袜子定型设备有自动旋转式蒸汽定型机、硫化罐式定型机和箱式小型定型机。

1. 自动旋转式蒸汽定型机

自动旋转式蒸汽定型机（见图7—3）操作简易、耐用，机器的所有工作程序均由计算机系统自动控制，即使初学者也能很快掌握机器操作方法。根据操作人员的熟练程度和产品原料的品种，每转可在0.8 ~ 2.1 s范围内调整速度，保证高产量。

图7—3   自动旋转式蒸汽定型机

2. 硫化罐式定型机

硫化罐式定型机（见图7—4）不仅适用于袜子定型，也适用于纱线、袜子及袜裤预缩定型，海绵擦布、窗帘定型，氨纶包覆纱线、棉纱、人造丝、涤纶计算机绣花线、缝纫线、针织线、曲珠线、花边线、拉链线等纱线的真空定型。技术参数为：工作温度小于130℃，真空度小于0.07 MPa，工作压力为0.09 MPa。

图7—4　硫化罐式定型机

该袜子定型设备设有喷湿、定型、干燥时间随意调节功能，定型箱、工作室内热气循环流动，工作温度均衡稳定，热损失小，节能效果显著。该机操作灵活方便，蒸汽喷湿、定型、干燥时间可分别独立调节，适应不同织物的特点，充分保证定型效果，满足不同客户的要求，同时采用智能监控，实现了过压、过热和欠水保护，安全可靠。

3. 箱式小型定型机

箱式小型定型机分为电热型和燃油型两大系列（见图7—5），采用特殊进风方式及循环风设计结构使室内温度均匀。

燃油型产品特点如下。

（1）燃油型定型机是集蒸汽、喷湿、加热定型、干燥于一体，替代传统锅炉定型的新一代定型设备。

（2）设备设有喷湿、定型、干燥时间随意调节功能，定型箱、工作室内热气循环流动，工作温度均衡稳定，热损失小，节能效果显著。

（3）定型时只需6~10 min，每小时消耗0号柴油2.5 kg左右，按6元/kg计算，每小时消耗约15元；按每小时定型2 800双袜子，则每双袜子定型成本只需0.5分。

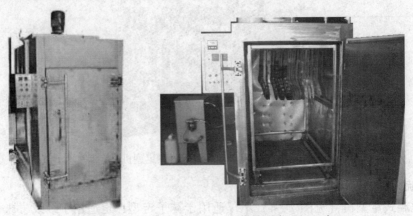

图7—5　电热型定型机（左）和燃油型定型机（右）

（4）箱内加装导风网。用特殊材料制作的导风网加装在箱内工作室的顶部，能使工作室内的风速和蒸汽循环更加均匀。

（5）余热利用。此新增部件可使燃烧室内的余热回流到工作室底部，使工作室内起温更快、更均匀。

（6）电气控制部分。精确控制燃油，可在原来基础上节省柴油30%～40%。

电热型定型机操作灵活方便，蒸汽喷湿、定型、干燥时间可分别独立调节，可适应不同织物的特性，充分保证定型效果，满足不同客户的要求，同时采用智能监控，具备过压、过热和欠水保护，安全可靠，而且品种规格齐全，客户可根据特殊规格定制。

电热型定型机的主要特点有以下几点。

（1）安全。比较高压锅炉，绝对没有安全隐患。

（2）美观。纯不锈钢外观设计。

（3）环保。动力来源为柴油，比较燃煤清洁环保。

（4）节能。可根据实际操作，随时开关机，节约能源，避免浪费。

（5）高效。集蒸汽喷湿、高温定型和脱水干燥等功能于一体。

几种常见的全自动高温蒸汽烘干定型箱的参数见表7—4。

表7—4　　　　　　　　全自动高温蒸汽烘干定型箱的参数

型号	内尺寸（长×宽×高）（mm）	外尺寸（长×宽×高）（mm）	
DXJ100	1 000×800×1 200	2 000×1 100×1 800	
DXJ－150	1 400×800×1 400	2 400×1 100×2 000	
DXJ－180	1 400×800×1 600	2 600×1 100×2 000	
电热型		燃油型	
燃油机功率（kW）	0.12	电热器（kW）	16
风机功率（kW）	1.5	电机功率（kW）	1
箱内温度（℃）	100/250	箱内温度（℃）	100/200
使用电源（V/Hz）	380/50	使用电源（V/Hz）	380/50
质量（kg）	900	质量（kg）	800

四、影响定型质量的因素

以下仅就计算机控制的蒸汽自动定型机的工艺参数对产品质量的影响方面做一探讨。

1. 定型机烘干箱的数量

有些定型机有两个烘箱，比起一个烘箱的机型来说，这类机器的烘干效果更好。一般对高弹袜来说，烘箱温度不应超过100℃。

2. 蒸汽压力（温度）以及作用时间

定型时蒸汽压力（温度）越高，对袜子的作用时间越长，则越容易使袜子成型，袜子定型的尺寸稳定性也越好。但是，当定型温度、保压时间或者烘干时间超过一定限度时，就会将袜子定得失去弹性，失去穿着价值。

3. 定型机型板的材质、样式和尺寸

型板的材质不同，其传热系数不同，可导致袜子定型后的最终效果也不同。目前常见的型板有铝板和不锈钢板，因为铝板散热效果比不锈钢板好，所以铝板的使用较为普遍。

样式和尺寸是按照袜子的产品要求来选择的，如高弹无跟袜一般是选择直筒型的样板，但有时为了使袜子包装后有一个美观的效果，则可选择有脚型的样板将袜跟部分定出一个曲线跟型。在有跟袜的生产中，必须严格规范定型样板的使用标准，每个品种都应有相对应的样板使用要求，不仅要有脚底长度、宽度和袜筒长度、宽度，还应有脚型（头、跟部的弯曲度，脚型的宽度）。

4. 袜子原料的性能

一般来说，袜品原料的耐热性越好，熔点越高，所需的定型温度也越高。对每一种不同原料编织的袜子，应规定不同的定型工艺参数。其中，使用的氨纶成分越多，所需定型温度就越低，即使同样使用纯锦纶，锦纶66比锦纶6更耐高温，因此，可以用较高的定型温度。实际操作中，锦纶6的定型温度控制在105℃左右，锦纶66的定型温度控制在115℃左右。另外，原料越细，定型温度应该越低。

合成纤维的定型工艺条件（以热风作为加热介质）见表7—5。

表7—5 合成纤维的定型工艺条件

纤维	定型方法	熔点（℃）	定型温度（℃）	最高定型温度（℃）	定型时间
锦纶	干热定型	255	190～215	230	30～45 s
	蒸汽定型		120～130		10～30 min
	水煮定型		100		120～360 min
锦纶	干热定型	215～220	180～190	200	30～45 s
	蒸汽定型		130		10～30 min
	水煮定型		100		120～360 min
涤纶	干热定型	260	180～220	230	30～45 s
	蒸汽定型		110～125		
腈纶	干热定型	—	130～160	190～200	30～45 s
	蒸汽定型		125～130		

5. 员工的操作影响

在大货生产过程中，定型时每一双袜子都套上板，在此工序的检验很重要，如果套板不正，会造成袜子生产的返工，以及人力、蒸汽、电等的无谓浪费。因此，在此工序套板扶正的工人必须具备很强的工作责任心，掌握质量标准，有一定的袜子检验经验，有能力承担质检的角色。

6. 其他影响因素

在实际生产过程中，除了以上几个较为普遍的因素外，还经常会出现许多特殊问题。例如，就蒸汽的水质而言，如果锅炉中水的碱度太高，在形成蒸汽时，也会使蒸汽带有碱性，从而当染色的袜子与蒸汽接触时会产生脱色的问题，而这种脱色是完全不均匀的，因此，在袜面上会形成块状或条状的褪色斑，从而影响了成品袜子的质量。因此，保证锅炉水质，也是保证袜子的定型质量所必需的。还有染色的耐洗色牢度的问题，也是保证生产正常进行的重要条件。

又比如，在对袜子进行染色前后处理时，如所加的助剂不当或工艺条件不当，将会破坏原料的耐热性能，从而使袜子在接受高温定型时出现意料之外的原料变性损坏。

如氨纶本身所含的油剂过多，必须进行洗涤前处理，一般使用专用的氨纶精炼剂，但这种精炼剂使用过量，会破坏氨纶表面的保护层，降低其耐热性，受到高温时就易化解，从而导致成品袜子出现破损，也会降低袜子的牢度和使用寿命。

或者，先织后染的袜子如果柔软剂使用量不足，会造成袜子套板难，定型后袜子失去弹性，袜子僵硬。

一般来说，在袜子定型过程中影响质量的主要因素有：压力（温度）及时间，原料的耐热性能，定型板的尺寸、规格，检验工人的素质，以及其他各种可能出现的突变因素。我们只要掌握了这些因素对产品质量的影响规律，就能控制这些因素的影响，达到优质高效的生产目的。

本章思考题

1. 点塑工艺的操作流程是什么？
2. 袜子有哪些测量方法？
3. 影响定型质量的因素有哪些？

第**8**章

袜子检配与包装

顾名思义，袜子检配就是对成品袜子的质量进行把控，根据生产企划书及工艺单的要求对成品袜子进行检查配对，从而进行包装。一般检配与包装是由同一人员完成，检配人员发现疵点时要及时挑出来，如出现大批量的质量问题，需要对疵点进行分析，逐步逆推追溯到生产管理过程，对出现问题的工序进行整改。

袜子的检配与包装是织袜的最后一道工序，成功的检配关系到客户的满意度。因此，检配包装人员需掌握袜子的检配标准及包装流程注意事项等问题。本章重点讲解袜子的检配标准、包装等工艺流程以及订单相关操作要求等知识。

第1节 检配

→ 1. 了解袜子疵点的判定方法
→ 2. 熟悉袜子疵点名称
→ 3. 掌握袜子的检配标准

检配，顾名思义，就是检查配对，是将定好型的袜子转到包装后的第一道工序。

一、检查

（1）成品尺寸的检查方法。依照生产企划书及工艺单进行检查。

（2）袜子疵点的检查。按 FZ/T 73001—2008《袜子》的标准要求进行检查。成品疵点见表8—1。

表8—1　　　　　　　　　　　　　　成品疵点

袜类	序号	疵点名称	一等品	合格品
有跟短袜	1	粗丝（线）	轻微的，脚面部位限1 cm，其他部位累计限0.5转	明显的，脚面部位累计限0.5转，其他部位0.5转以内限3处
	2	细纱	袜口部位不限，着力点处不允许，其他部位0.5转	轻微的：着力点处不允许，其他部位不限
	3	断纱	不允许	不允许
	4	稀路针	轻微的：脚面部位限3条 明显的：袜口部位不允许	明显的：袜面部位限3条
	5	抽丝，松紧纹	轻微的抽丝脚面部位1 cm 1处，其他部位1.5 cm 2处，轻微的抽紧和松紧纹运行	轻微的抽丝2.5 cm 2处，明显的抽紧和松紧纹允许
	6	花针	锦纶丝袜脚面部位不允许，其他部位分散3个	脚面部位分散3个，其他部位允许
	7	花型变形	不影响美观者	稍影响美观者—双相似

续表

袜类	序号	疵点名称	一等品	合格品
有跟短袜	8	乱花型	脚面部位 3 处，其他部位轻微允许	允许
	9	表纱扎碎	轻微的：袜面部位 0.3 cm 1 处，着力点不允许	轻微的：着力点处不允许，其他部位 0.5 cm 2 处
	10	里纱翻丝	轻微的：袜面部位不允许，袜头、袜跟 0.3 cm 1 处	袜面部位 0.3 cm 2 处，袜头、袜跟 0.3 cm 2 处
	11	宽紧口松紧	轻微的允许	明显的允许
	12	挂口疵点	罗口套歪的不明显	罗口套歪较明显
	13	缝头歪角	歪角：允许粗针 2 针，中针 3 针，细针 4 针，轻微松紧允许	歪角：允许粗针 4 针，中针 5 针，细针 6 针。明显松紧允许
		缝头漏针、缝头破洞、缝头半丝、编织破洞	不允许	不允许
	14	横道（缝头）不齐	允许 0.5 cm	允许 1 cm
	15	罗口不平服	轻微允许	允许
	16	色花、油污渍、沾色	轻微的不影响美观的允许	较明显允许
	17	色差	同一双允许 4～5 级，同一只袜头、袜跟与袜身允许 3～4 级，异色袜头、袜跟除外	同一双允许 4 级，同一只袜头、袜跟与袜身允许 3 级，异色袜头、袜跟除外
	18	长短不一	限 0.5 cm	限 0.8 cm
	19	修痕	脚面部位不允许，其他部位修痕 0.5 cm 内限 1 处	轻微修痕允许
	20	修疤	不允许	
无跟袜，连裤袜	21	原丝不良	不允许	不明显允许
	22	粗丝、丝结	腿部、脚面部位不允许	允许
	23	断芯	不允许	不允许
	24	编织坏针、漏针、针洞	不允许	不允许
	25	花针	腿部不连续小花针限 5 个	允许
	26	缝裆高低头	腰部橡筋缝合处上、下高低差异 0.5 cm 及以内	腰部橡筋缝合处上、下高低差异 0.7 cm 及以内
	27	缝纫打褶	袜头部位不允许，其他部位轻微允许	轻微允许
	28	大小袜头	互差 0.5 cm 及以内	互差 0.8 cm 及以内
	29	小袜头	不低于 1.5 cm	不低于 1.5 cm
	30	错裆	裆缝未缝住或缝出裤部网眼不允许	

续表

袜类	序号	疵点名称	一等品	合格品
无跟袜，连裤袜	31	缝裆头	缝裆头打结处散口不允许	
	32	色花、油污渍、沾色	轻微的允许	明显的除脚面部位允许
	33	色差	同一双允许 4~5 级	同一双允许 4 级
	34	抽丝	分散状 0.5 cm 3 处或 1 cm 1 处	分散状 0.5 cm 5 处或 1 cm 2 处
	35	长短不一	限 0.5 cm	限 1.0 cm
	36	修痕	轻微的允许	允许
	37	修疤	不允许	
	38	勾丝	不允许（有一根丝头抽出的）	
	39	线头	0.5~1.5 cm 之内允许	
	40	不配对	两袜筒表面纹路不一致不允许	

注：1. 测量外观疵点长度，以疵点最长长度（直径）计量。

2. 表面疵点外观形态按《袜子表面疵点彩色样照》评定。

3. 凡遇条文未规定的外观疵点，参照相应疵点酌情处理。

4. 色差按 GB 250 评定。

5. 疵点程度描述如下。

轻微——疵点在直观上不明显，通过仔细辨认才可看出。

明显——不影响总体效果，但能感觉到疵点的存在。

显著——疵点程度明显影响总体效果。

二、配对

将挑选后的好袜按上下筒长短一致、宽窄一致、罗口大小相同的配成一对，颜色不能有色差。

配对中手法必须严格按客户要求执行，如怎样对折、袜跟在左或是在右。有些订单要求无须对折，方便包装展示花型图案。

第 2 节　包装工艺流程

→ 1. 了解包装工艺依据

→ 2. 熟悉袜子包装的注意事项

→ 3. 掌握包装工艺流程

包装的工艺流程：辅料—包装确认样—大货包装—检针—装箱—验货—出货。

包装工艺依据：包装工艺必须以客户的企划书为依据，以客户确认的样板为模板，不得任意添加自己的观点和意见。

一、包装辅料

包装辅料包括吊卡、腰封、挂钩（左向或右向）、不干胶条码、胶袋和纸箱（印箱唛）。包装辅料对于打样、确认、印刷及验收等环节都很重要。

前期打样：是为了更好地下单印刷，节省时间也是为后面争取时间。

确认封样：并有客户确认的文字说明，用于客户在变更时对照，也是给印刷厂下单的依据。

印刷：最关键的是时间和质量，一般影响最后交货的因素就是印刷时间过长，交货不及时，因此所有生产跟单业务员必须时刻关注，印刷合同上最好注明延期交货的损失赔偿责任，以免后续发生纠纷时无法追责。印刷质量的好坏直接影响到包装的质量，经常容易造成返工和补料，影响交货期。

验收：这是一个不可省略的关键点，这个工作是几方同时来做的，首先是跟单员，其次是辅料仓管员。跟单员因对前期打样确认等亲自操作，对客户相关评语比较熟悉，因此验收时首先由其进行核对，对质量进行把关。然后，由辅料仓管员按采购订单复印件来验收数量。

验收环节如果发现质量问题（如印错内容、不对色或色差较大等）必须拒收或暂收，第一时间由采购部与印刷厂沟通处理，业务员同时与客户沟通，告知真情，以便客户协助处理，因重新印刷会造成供货期延误。

二、包装确认样/产前样

确认包装辅料正确后，根据客户要求由跟单员进行产前样的打样包装工作，并及时寄给客户确认或拍照确认。确认后的样品要封样，作为包装大货的标准样。

产前样严格按客户要求做，有些客户需一个完整的纸箱包装，即相当于大货中的一箱货，也有客户仅需要一个小包装。要特别注意大货包装时的配色，防止出错，这就需要业务跟单员做大货首件确认，确认小包装或中包装不同颜色配比、大货装箱配比与装箱方式等。有时经常因为装箱时的倒顺方向不对而验货不合格。

三、大货包装

完成上述步骤后，正式包装工艺单形成，包装人员和质检员培训后进入正式大货生产。

四、检针

对出口货物，一般都需要检针。国外有些地区特别强调货物中严禁出现金属物，如日本、澳大利亚等，法律上都有明文规定。

五、装箱

按照颜色配比和数量装入大包装。箱外数量必须同步，如果有尾箱的必须把箱唛修改一致。否则将会影响报关。

六、验货

客户或者客户指定的第三方根据订单要求进行按比例抽样检验。

七、装柜

装柜前一定要准备好装柜资料和相关保管手续。装柜时，严格按照装柜资料明细数量执行，不得出现有多有少或者款式不对等问题。

本章思考题

1. 袜子表面有哪些疵点？
2. 袜子包装时需注意什么？